职业教育无人机应用技术专业活页式创新教材

无人机系统结构与设计

主编 李宏达 张 毅

参编 孟令兵 刘龙龙 梁 婷

机械工业出版社

《无人机系统结构与设计》是一本针对高等职业教育层次无人机相关专业的教材，主要目的在于帮助职业院校学生快速了解无人机系统，并能够进行一定的无人机结构设计，快速上手无人机的动手制作。

本书主要阐述了无人机的整个系统构成以及不同无人机构型的结构组成形式，并着重介绍了无人机的动力系统，通过讲解无人机结构设计中常用的一些 CAD 软件，并基于 CATIA 软件介绍了一款固定翼无人机的内部结构设计过程，让学生能够了解该无人机的内部结构是如何设计出来的。本书强调学生的实际动手能力，专门有一个模块讲解无人机制作所需准备的工具、耗材以及制作技巧，并给出了两款无人机的制作教程。

本书适用于无人机工程类、应用类以及航空飞行器类职业本科和高职高专教学，也可用于培训类学校的无人机相关专业的理论教学，还可供无人机爱好者作为参考资料使用。

图书在版编目（CIP）数据

无人机系统结构与设计 / 李宏达，张毅主编. — 北京：机械工业出版社，2023.8（2025.1重印）
职业教育无人机应用技术专业活页式创新教材
ISBN 978-7-111-73723-0

Ⅰ.①无… Ⅱ.①李… ②张… Ⅲ.①无人驾驶飞机 – 飞机系统 – 结构设计 – 职业教育 – 教材 Ⅳ.①V279

中国国家版本馆CIP数据核字（2023）第159472号

机械工业出版社（北京市百万庄大街22号 邮政编码100037）
策划编辑：谢 元　　　　　　责任编辑：谢 元 丁 锋
责任校对：张爱妮 张 征　　封面设计：张 静
责任印制：单爱军
北京虎彩文化传播有限公司印刷
2025年1月第1版第2次印刷
184mm×260mm·13.75印张·231千字
标准书号：ISBN 978-7-111-73723-0
定价：54.00元

电话服务　　　　　　　　　网络服务
客服电话：010-88361066　　机 工 官 网：www.cmpbook.com
　　　　　010-88379833　　机 工 官 博：weibo.com/cmp1952
　　　　　010-68326294　　金 书 网：www.golden-book.com
封底无防伪标均为盗版　机工教育服务网：www.cmpedu.com

职业教育无人机应用技术专业活页式创新教材
编审委员会

主任委员　昂海松（南京航空航天大学）

委　　员　颜忠杰（山东步云航空科技有限公司）

王　铨（青岛工程职业学院）

姜宽舒（江苏农林职业技术学院）

李宏达（南京工业职业技术大学）

王靖超（山东冶金技师学院）

付　强（山东省艺术摄影学会副秘书长、国家一级摄影师）

余洪伟（张家界航空工业职业技术学院）

杜凤顺（石家庄铁路运输学校）

葛　敏（菏泽学院）

韩　祎（山东步云航空科技有限公司）

前　言

　　21 世纪的第三个十年是无人机高速发展时期，为了满足生活生产的需要，各行各业都在普及无人机的使用。近年来，中国迅速成长为无人机行业的制造和技术强国，中国已经占据全球无人机市场份额的 70%。根据中国航空工业集团有限公司发布的《通用航空产业发展白皮书（2022）》的数据，全球民用无人机市场规模保持快速增长，2021 年全球民用无人机市场规模超过 1600 亿元，同比增长 61.6%，预计到 2025 年市场规模将达到 5000 亿元。

　　随着无人机产业的快速增长，无人机行业对于无人机人才的需求也在日益增加，各大职业类院校纷纷开设无人机专业相关课程。对于高职院校来说，通过理论学习与实践相结合的教学方式能够显著地提升人才培养的质量。党的二十大报告指出，"统筹职业教育、高等教育、继续教育协同创新，推进职普融通、产教融合、科教融汇，优化职业教育类型定位"，再次明确了职业教育的发展方向。从国内外职业教育实践来看，产教融合是职业教育的基本办学模式，也是职业教育发展的本质要求。让学生能够跟上企业的发展节奏，是职业教育育人的目标。一些院校理论课程的开设超过了 50%，对专业课程的开设重视度不够，对实践能力的培养还处于口头阶段，这样就不能把所学的理论知识很好地与实践相结合，由此导致学校教授的知识与实际岗位需求不对称，致使学生缺乏实践经验和实践操作能力，无法做到真正的理虚实一体化。

　　作者结合学生培养的实际需求，针对无人机的结构设计与制作编制了本书，从系统介绍、结构构型、动力系统、设计软件、设计过程、制作准备等方面详细介绍了无人机系统的结构与设计和制作相关知识；并给出了两款非常容易制作的无人机（一款固定翼、一款四旋翼）的制作教程，以期本书的读者能够快速了解和学习无人机系统的结构，并具备一定的无人机结构设计能力，快速上手无人机的制作，为后续的学习和工作打下坚实的基础。

　　本书的编写得到了南京工业职业技术大学以及山东步云航空科技有限公司的大力支持。本书参考了诸多其他无人机相关书籍以及互联网上的图片与资料，在此对这些作者表示衷心的感谢。

　　由于编者水平有限，书中难免会出现错误与不妥之处，敬请读者提出宝贵意见以便后续的修订与再版，从而给广大读者带来更好的服务。

目 录

01
模块一

了解无人机系统

无人机是无人驾驶飞行器（Unmanned Aerial Vehicle，UAV）的简称，主要是利用无线电设备和自备的程序控制装置操纵的飞行器。在智能化自动化时代，无人机已经成为国防军工和民用民生等经济、社会、文化领域的重要生产生活设备。近年来，随着军民融合战略的逐步深化，无人机行业得到了跨越式的发展，迫切需要无人机相关设计、制作与维修人员，特别是经过相应职业教育的技术工人。本模块主要让读者了解无人机的系统组成。

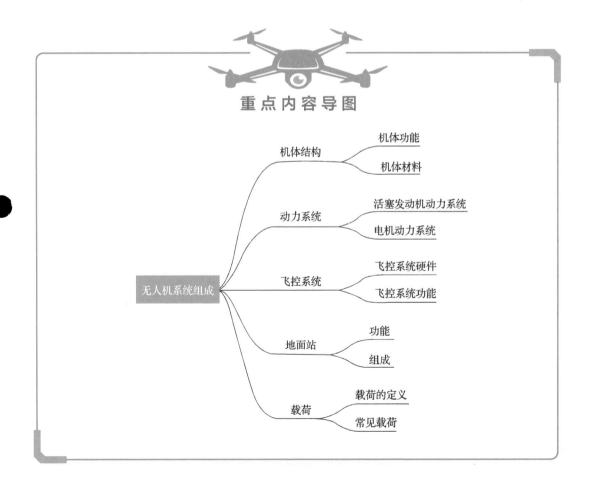

重点内容导图

- 无人机系统组成
  - 机体结构
    - 机体功能
    - 机体材料
  - 动力系统
    - 活塞发动机动力系统
    - 电机动力系统
  - 飞控系统
    - 飞控系统硬件
    - 飞控系统功能
  - 地面站
    - 功能
    - 组成
  - 载荷
    - 载荷的定义
    - 常见载荷

学习任务 1　机体结构

任何机械设备都是由机体结构加上控制系统组成的，充分了解无人机的机体结构是无人机设计或者维修学习的基础。本学习任务我们来了解一下无人机机体的功能还有它们的制作材料。

知识目标

- 了解无人机系统的基本组成。
- 了解无人机机体结构的功能。

素养目标

- 培养学生严谨求学、奋发向上的学习态度。

? 引导问题

1）大家是否知道无人机的机体结构由哪些部分组成？它们分别有什么功能呢？

2）大家了解这些结构各用什么材料来制作吗？

知识点 1　机体的功能

1. 固定翼飞行器

固定翼航空器平台，是指由动力装置产生前进的推力或拉力，由机体上固定的机翼产生升力，在大气层内飞行的重于空气的航空器。其结构包括机翼、机身、尾翼和起落架等，通常还包括副翼、升降舵、方向舵、襟翼等控制舵面。操纵时，通过伺服机构改变各控制舵面位置及动力装置输出量，产生相应的控制力，使飞行器改变高度和速度并进行转弯、爬升、俯冲、横滚、筋斗等机动。

其中机体是飞机的主要组成部分，包括机身、机翼和尾翼，如图 1-1 所示。

（1）机身

机身的主要功用是装载飞行控制系统、电力系统、通信系统、燃料系统及任务系统等机载设备。机身将机翼、尾翼、发动机及起降装置连在一起，形成完整的飞行平台。

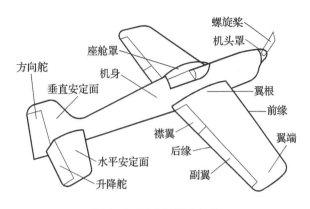

图 1-1　固定翼平台结构

（2）机翼

机翼在飞机的稳定性和操纵性中扮演重要角色，机翼上安装的可操纵翼面主要有副翼、襟翼、前缘襟翼、前缘缝翼。机翼还用于安装发动机、起落架及其轮舱、油箱。

1）副翼。机翼后缘外侧的活动部分是副翼，左右机翼对称安装。副翼通过舵机控制，可上下偏转。

2）襟翼。有的飞机在机翼后缘内侧装有襟翼，襟翼是一种增升装置，用于改善飞机的起降性能。

（3）尾翼

尾翼包括水平尾翼和垂直尾翼，如图 1-2 所示。尾翼的主要功用是控制飞机的俯仰和方向平衡，操纵飞机围绕横轴和立轴进行俯仰和方向变化活动。不少无人机的尾翼采用非常规气动布局，如 V 形尾翼、倒 V 形尾翼、双垂尾等，目的都是减轻飞机重量，提高飞机的气动性能。

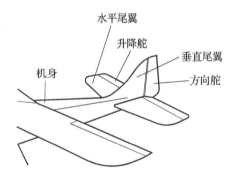

图 1-2　固定翼机尾结构

（4）起降装置

起降装置的主要功用是支持飞机在地面停放，并用于飞机的起飞和降落。最常用的起降装置是起落架，根据起落架的不同安装方式可分为前三点和后三点飞机。其他起降装置还有滑橇式、弹射式、伞降式等。

（5）动力装置

飞机的动力装置的核心是航空发动机，主要功能是用来产生拉力或推力以克服与空气相对运动时产生的阻力使飞机前进，次要功能则是为飞机上的用电设备提供电力，为空调设备等用气设备提供气源等。飞机的动力装置除发动机外，还包括一系列保证发动机正常工作的系统，如发动机燃油系统、发动机控制系统等。

2. 旋翼平台

旋翼平台即旋翼航空器（Rotary wing aircraft）平台，旋翼航空器是一种重于空气的航空器，其在空中飞行的升力由一个或多个旋翼与空气进行相对运动的反作用获得，与固定翼航空器为相对的关系。现代旋翼航空器通常包括直升机、旋翼机和变模态旋翼机三种类型。旋翼航空器因为其名称常被与旋翼机混淆，实际上旋翼机全称自转旋翼机，是旋翼航空器的一种。

（1）直升机

直升机是一种由一个或多个水平旋转的旋翼提供升力和推进力而进行飞行的航空器。它的构造比较简单，价格也比较低廉，更为重要的是它根本不需要发射系统，还能垂直起降，更能自由悬停，而且飞行起来灵活性相当高，可用各种速度、用各种飞行剖面的航路进行飞行。

直升机的升力产生原理与机翼相似，只不过这个升力是来自绕固定轴旋转的旋翼。旋翼不像固定翼航空器那样依靠整个机体向前飞行来使机翼与空气产生相对运动，而是依靠自身旋转产生与空气的相对运动。但是，在旋翼提供升力的同时，直升机机身也会因反扭矩（与驱动旋翼旋转等量但方向相反的扭矩，即反作用扭矩）的作用而具有向反方向旋转的趋势。为了克服旋翼旋转产生的反作用扭矩，常见的做法是用另一个小型旋翼，即尾桨，在机身尾部产生抵消反向运动的力矩。人们将这种直升机称为单旋翼直升机。

无人直升机按结构形式，可分为三类：单旋翼带尾桨式（图1-3）、共轴双旋翼式、特异式。其中单旋翼带尾桨式是最为常见的结构形式。

在直升机发展初期，没有哪一种布局的直升机占有主导地位，不同的设计者根据自己的理解和喜好，设计出各式各样的垂直飞行器。但是经过多年的实践，其他布局的直升机大多失去了热

图1-3 单旋翼带尾桨式无人直升机

衷者，唯有单旋翼带尾桨式直升机势头未减，占据主导地位，成为目前应用最为广泛的一种直升机。多数起飞重量较大的无人直升机也都采用此种布局。单旋翼带尾桨式直升机构造简单，技术成熟，维修方便，操纵灵便，可充分借鉴有人驾驶直升机经验，确有其显著的优点。

共轴双旋翼式直升机的优点是可省去尾桨及其传动系统，其结构较为紧凑，如图1-4所示。

图1-4　共轴双旋翼式无人直升机

（2）多轴旋翼机

四轴（多轴）飞行器也叫四旋翼（多旋翼）飞行器，它有四个（多个）螺旋桨。四轴（多轴）飞行器是无人飞行器中结构最简单的，如图1-5所示。与传统直升机、固定翼飞行器相比，多旋翼飞行器的操控也是最简单的。

图1-5　四旋翼无人机

1）机身。机身是大多数设备的安装位置，也是多旋翼无人机的主体，也称为机架。根据机臂个数的不同分为三旋翼、四旋翼、六旋翼、八旋翼、十六旋翼、十八旋翼，也有四轴八旋翼等，结构不同叫法也不同。出于结构强度和重量考虑，一般采用碳纤维材质。

2）起落架。多旋翼无人机唯一和地面接触的部位是起落架，作为整个机身在起飞和降落时候的缓冲，也是为了保护机载设备，要求强度高、结构牢固，和机身保持相当可靠的连接，能够承受一定的冲力。一般在起落架前后安装或者涂装上不同的颜色，以便在远距离多旋翼无人机飞行时能够区分多旋翼无人机的前后。

3）云台。云台是安装、固定摄像机的支撑设备，它分为固定云台和电动云台两种。固定云台适用于监视范围不大的情况，在固定云台上安装好摄像机后可调整摄像机的水平和俯仰的角度，达到最好的工作姿态后即可锁定调整机构。电动云台适用于对大范围目标进行扫描监视，它可以扩大摄像机的监视范围。电动云台高速姿态是由两台执行电动机来实现的，电动机接受来自控制器的信号，精确地运行定位。在控制信号的作用下，云台上的摄像机既可自动扫描监视区域，也可在监控中心值班人员的操纵下跟踪监视对象。

（3）自转旋翼机

自转旋翼机简称旋翼机或自旋翼机，是旋翼航空器的一种。它的旋翼没有动力装置驱动，仅依靠前进时的相对气流吹动旋翼自转以产生升力，如图1-6所示。旋翼机大多有独立的推进或拉进螺旋桨提供前飞动力，用尾舵控制方向。与直升机相比，旋翼机的结构非常简单，造价低廉，安全性亦较好，一般用于通用航空或运动类飞行。

图1-6 自转旋翼机

自转旋翼机的设计各种各样，但是大多数设计的基本构成要素是相同的。一架具备基本功能的自转旋翼机通常包括机身、动力系统、旋翼系统、尾翼和起落装置五个部分。

1）机身：主要功能是为其他部件提供安装结构。机身的常见材料是金属材料和复合材料。

2）动力系统：提供旋翼机向前飞行的推力，在飞行时和旋翼系统独立无关。

3）旋翼系统：主要功能是为自转旋翼机提供必需的升力和控制能力。其常见的结构是带桨毂倾斜控制的跷跷板式旋翼。所谓跷跷板式旋翼，就是两片桨叶刚性地连接在一起，当一片桨叶向上运动时，另一片桨叶向下运动。

4）尾翼：提供稳定性及俯仰、偏航控制，与固定翼飞机的尾翼功能类似。

5）起落装置：主要功能是提供航空器起飞、着陆和地面停放之用。它可以吸收着陆冲击能量，减少冲击载荷，改善滑行性能。

自转旋翼机一般有三个起落架，其中两个主要起落架位于重心附近的机身两侧，起主要的支撑作用，另一个起落架在机头或机尾。若在机尾，则称为后三点式，较适合在粗糙路面上进行；若在机头，则称为前三点式，为大多数自转旋翼机所采用，并且该前轮可通过方向舵控制偏转，以便地面滑行时灵活转弯。轮式起落架一般设有减振装置，能吸收大部分着陆能量，可以在硬性路面进行滑行起飞和降落。

知识点 2 机体的材料

无人飞行器平台根据使用领域及尺度大小的不同，一般采用不同的生产加工工艺与材料。

1. 塑胶模具注塑

消费类多旋翼尺度较小，需要大批量生产，且材料成本也需得到有效控制，所以多采用塑胶模具注塑成型。这种加工方法和我们平常使用的电子类产品外壳加工方法相同。只是作为飞行器，既有气动要求，又要美观，又得有必要的强度和刚度，又要顾及散热和布线，很难一次设计完美，所以在真正批产开模具前，会使用 CNC（数控加工）或 3D 打印方式，制造数架手板样机以供测试和设计调整。"精灵"无人机（图 1-7）就是如此生产的。

2. 碳纤板材 CNC 切割组装

碳纤维复合材料具有轻质、高比强度比模量等特性，它将碳纤维增强材料良好的力学性能和树脂基体材料的特性有机地结合在一起。

尺度适中的行业级多旋翼以及各类试验型多旋翼和多数穿越机，多使用碳纤板材、管材经雕刻和切割，再机械组装而成。它一般使用 2D 或 3D 机械设计软件设计，使用 CNC 铣出机架及云台的板材，再切割出支臂需要的管材，辅以部分通用的塑胶件，最后用螺栓连接的方式组合在一起。这种生产工艺在全重 2~25kg 之间的多旋翼上使用非常多，由于是零件组装，所以很方便随时修改设计和局部修复结构，如图 1-8 所示。

图 1-7 "精灵"无人机

图 1-8 碳纤板材无人机框架

3. 复合材料模具生产

大尺度的多旋翼飞行平台，例如专用植保机、军用靶标多旋翼等，由于对气动和空机重量的要求，基本采用复合材料模具生产，如图 1-9 所示。

图 1-9　复合材料无人机

这种工艺在我国是成熟的，数十年来的中小型军用固定翼无人机平台多采用此种工艺，可较方便地加工出具有复杂曲面并且重量轻、刚度好的机体结构，只是其材料随着时代在不断变化。对于大批量的生产，一般使用机床加工出金属阴模；对于中小批量的生产，会先制作木制阳模，再手工翻制出玻璃钢阴模。之后在模具中进行铺层，根据技术要求选择何时何处使用碳纤维、玻璃纤维、纸蜂窝、聚氨酯泡沫夹层等铺层用料；在铺层的同时将火墙、起落架承力点、电机安装位等局部结构同时安装以方便一起固化。一般使用饱和树脂，强度要求较高时，还需要进烘箱；之后固化后出模，进行表面处理；最后就可以进行部件和设备装机了。

4. 未来材料

随着科技的不断进步，3D 打印（图 1-10）、微细胞结构一体成型等新技术都会在未来的多旋翼无人飞行器平台的生产中占据越来越重要的地位。

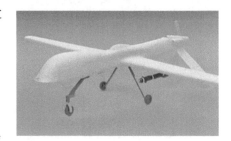

图 1-10　3D 打印机体无人机

学习任务 2　动力系统

动力系统是航空器的发动机以及保证发动机正常工作所必需的系统和附件的总称。如果说飞控是无人机的大脑，那么动力系统则被誉为无人机的心脏。

无人机根据动力来源的不同可分为以燃油类发动机为动力的油动系统无人机、以电池为能源的电动系统无人机、固态氧化物燃料无人机、太阳能无人机、油电混合动力无人机。无人机电机动力装置主要是将电池化学能转化为电能再转化为机械能，从而为无人机提供动力。

知识目标

- 了解无人机动力系统的组成。
- 了解无刷电机的优缺点。

素养目标

● 培养学生勇于探究的精神。

？引导问题

我们知道无人机有动力系统，动力系统的组成和功能是什么呢？

知识点1　活塞发动机动力系统

一般来说无人机使用的动力装置主要有活塞发动机、涡喷发动机、涡扇发动机、涡桨发动机、涡轴发动机、冲压发动机、火箭发动机、电机等。目前主流的民用无人机所采用的动力系统通常为活塞发动机和电机两种。

活塞发动机也叫往复式发动机，由气缸、活塞、连杆、曲轴、气门机构、螺旋桨减速器、机匣等组成主要结构（图1-11）。活塞发动机属于内燃机，它通过燃料在气缸内的燃烧，将热能转变为机械能。活塞发动机系统一般由发动机本体、进气系统、增压器、点火系统、燃油系统、启动系统、润滑系统以及排气系统构成。

图1-11　活塞发动机

活塞式航空发动机一般用汽油作为燃料，每一循环包括四个行程，即进气行程、压缩行程、做功（膨胀）行程、排气行程。在进气行程，活塞从上止点运动到下止点，进气门打开而排气门关闭，雾化了的汽油和空气的混合气体被吸入气缸内。在压缩行程，活塞从下止点运动到上止点，进气门和排气门都关闭，混合气体在气缸内被压缩，当活塞运动到点火上止点附近时，由装在气缸头部的火花塞点火。在做功（膨胀）行程，混合气体点燃后，高温高压的燃气开始膨胀，推动活塞从上止点向下止点运动。在此行程，燃烧气体所蕴含的内能转变为活塞运动的机械能，并由连杆传给曲轴，成为带动螺旋桨转动的动力。在排气行程，活塞从下止点运动到上止点，排气门打开，燃烧后的废气被活塞排出气缸外。当活塞到达上止点后，排气门关闭，此时就完成了四个行程的一个循环。

要使发动机由静止状态过渡到工作状态，必须先用外力转动发动机的曲轴，使活塞作往复运动，气缸内的可燃混合气体燃烧膨胀做功，推动活塞向下运动使曲轴旋转，发动机才能自行运转，工作循环才能自动进行。因此，曲轴在外力作用下开始转动到发动机开始自动运转的全过程，称为发动机的启动。完成启动过程所需的装置，称为发动机的启动系统。图 1-12 所示为发动机的启动器。

不同型号发动机启动系统结构形式存在区别，但基本原理都是类似的。大型活塞发动机启动系统的部件均安装在发动机上或其附近，与发动机有关部件连接传动。气缸总容积小于 500mL 的活塞发动机多采用独立式启动系统。

图 1-12　发动机的启动器

知识点 2　电机动力系统

目前大型、小型、轻型无人机广泛采用的动力装置为活塞式发动机系统。而出于成本和使用方便的考虑，微型无人机普遍使用的是电机动力系统。无人机电机动力装置通常由电池、电调、电机、螺旋桨等部分组成。其中，电池的主要作用是提供能量；电调的主要作用是控制电机的转速；电机的主要作用是通过电机旋转带动螺旋桨旋转；螺旋桨的主要作用是通过旋转产生升力和推力。

（1）动力电机

微型无人机使用的动力电机可以分为两类：有刷电机和无刷电机。有刷电机和无刷电机有很多区别，从名字上可以看出有刷电机有电刷，无刷电机没有电刷。其中有刷电动机由于效率较低，在无人机领域已逐渐不再使用。

1）有刷电机：内含电刷装置，将电能转换成机械能（电动机）或将机械能转换成电能（发电机）的旋转电机（图 1-13）。有刷电机是所有电机的基础，它具有启动快、制动及时、可在大范围内平滑调速、控制电路相对简单等特点。

图 1-13　有刷电机的转子

电机工作时，转子绕组和换向器一起旋转，承磁体和电刷不转，转子绕组电流方向的交替变化是随电机转动的换向器和电刷来完成的。在电动车行业，有刷电机分高速有刷电机和低速有刷电机。

有刷电机由定子和转子两大部分组成，定子上有磁极（绕组式或永磁式），转子有绕组。通电后，转子上也形成磁场（磁极），定子和转子的磁极之间有一个夹角，在定转子磁场（N 极和 S 极之间）的相互吸引下，使电机转子旋转。改变电刷的位置，就可以改变定转子磁极夹角（假设以定子的磁极为夹角起始边，转子的磁极为另一边，由转子的磁极指向定子的磁极的方向就是电机的旋转方向）的方向，从而改变电机的旋转方向。

有刷电机的缺点主要有摩擦大、耗损大、发热高、寿命短、效率低、功率小等。

2）无刷电机：由电机主体和驱动器组成，是一种典型的机电一体化产品，如图 1-14 所示。由于无刷直流电机以自控式运行，所以不会像变频调速下重载启动的同步电机那样在转子上另加启动绕组，也不会在负载突变时产生振荡和失步。中小容量的无刷直流电机的永磁体，现在多采用高磁能积的稀土钕铁硼（Nd-Fe-B）材料。因此，稀土永磁无刷电机的体积比同容量三相异步电机缩小了一个机座号。

图 1-14　无刷电机

无刷电机的运行原理，简单而言是依靠改变输入到无刷电机定子绕组上的电流波交变频率和波形，在绕组线圈周围形成一个绕电机几何轴心旋转的磁场，这个磁场驱动转子上的永磁磁钢转动，电机就转起来了。电机的性能和磁钢数量、磁钢磁通强度、电机输入电压高低等因素有关，更与无刷电机的控制性能有很大关系，因为输入的是直流电，电流需要电子调速器将其变成三相交流电，还需要从遥控器接收机那里接收控制信号，控制电机的转速，以满足模型使用需要。总的来说，无刷电机的结构比较简单，真正决定其使用性能的是无刷电子调速器，好的电子调速器需要有单片机控制程序设计、电路设计、复杂加工工艺等过程的总体控制，所以价格要比有刷电机高出很多。

无刷电机的优点主要有低干扰、噪声低、运转顺畅、寿命长、维护成本低等。

无刷电机少了电刷，其磨损主要在轴承上。从机械角度看，无刷电机几乎是一种免维护的电机，必要的时候，只需做一些除尘维护即可。一比较，就知道无刷电机相对于有刷电机的优势在哪里了，但是万事都不是绝对的，有刷电机低速转矩性能优异、转矩大等性能特点是无刷电机不可替代的。不过就无刷电机的使用方便性来看，随着无刷控制器成本的下降和国内外无刷技术的发展与市场竞争，无刷动力系统正处在高速发展与普及阶段，这也极大促进了模型运动的发展。

（2）动力电源

动力电源主要为电机的运转提供电能。通常采用化学电池作为电动无人机的动力电源，主要包括镍氢电池、镍镉电池、锂聚合物及锂离子动力电池。其中前两种电池因质量大、能量密度低，现已基本上被锂聚合物动力电池所取代。

锂聚合物电池采用锂合金做正极，采用高分子导电材料、聚乙炔、聚苯胺或聚对苯酚等做负极，有机溶剂作为电解质，如图 1-15 所示。锂聚苯胺电池的比能量可达到 350W·h/kg，但比功率为 50~60W/kg，使用温度为 -40~70℃，寿命约 330 次。电池主要的构造包括正极、负极与电解质三项要素。所谓的锂聚合物电池，是在这三种主要构造中至少有一项或一项以上使用高分子材料作为主要的电池系统。而在所开发的锂聚合物电池系统中，高分子材料主要被应用于正极及电解质。正极材料包括导电高分子聚合物或一般锂离子电池所采用的无机化合物，电解质则可以使用固态或胶态高分子电解质，或是有机电解液，一般锂离子技术使用液体或胶体电解液，因此需要坚固的二次包装来容纳可燃的活性成分，这就增加了重量，另外也限制了尺寸的灵活性。锂聚合物电池和锂离子电池技术都能代替镍铬电池。锂聚合物电池在相同体积下比锂离子电池容量大，且完全没有记忆效应（锂离子电池还是有记忆效应的，只是比较小而已）。锂聚合物电池其实是一种凝胶状物质，容易做成各种形状，与锂离子电池相比，容量比同样大小的锂离子电池高出一倍，而且不含有害的重金属元素，是"绿色电池"。

（3）电子调速器

动力电机的调速系统称为电调（图 1-16），全称电子调速器（Electronic Speed Controller，ESC）。根据动力电机的不同，电调分为有刷电调和无刷电调。它根据控制信号调节电机的转速。另外，电调一般有电源输出功能（BEC），即在信号线的正负极之间，有 5V 左右的电压输出，通过信号线为接收机及舵机供电，但现在市场上大部分电调都没有 BEC 功能，都是采用单独的 PMU（电源管理模块）给飞控或者接收机供电。

图 1-15　锂聚合物电池

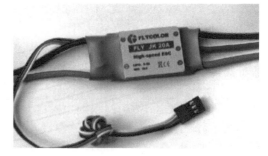

图 1-16　电子调速器

1）电调的功能。电调具有以下五大基本功能：

①调速（通过电调可以调整电机转速的快慢）。

②稳压（通过电调的 BEC 功能，可以给飞控或接收机提供稳定的电压输入）。

③逆变（通过电调的逆变功能，可以使电池输入的直流电变成给电机输出的交流电）。

④换向（通过电调连接电机的3根线中随意颠倒2根线序就可以实现电机反方向旋转）。

⑤检测（通过电调可以设置无人机的低电压保护功能，使飞机电池在电量不足的情况下降低功率来迫降而不是自由落体下降）。

2）电调的接线方法。对于它们的连接，一般情况如下（图1-17）：

①电调两根较粗的硅胶线红色（正极）线、黑色（负极）线与电池相连。

②电调较细的三根硅胶线为电调的输出线（有刷两根、无刷三根），与电机相连。

③电调最细的三根硅胶线（杜邦线）为信号输入线，与飞控或接收机相连。

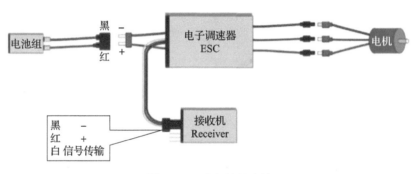

图1-17　电调连接方法

（4）螺旋桨

螺旋桨通过旋转产生升力和推力。螺旋桨有正、反桨之分，顺时针方向旋转的是正桨，逆时针方向旋转的是反桨。根据螺旋桨的桨距是否固定，螺旋桨可分为定距螺旋桨和变距螺旋桨。多旋翼无人机多采用定距螺旋桨，无人直升机多采用变距螺旋桨。根据材质的不同，螺旋桨可分为注塑桨、碳纤桨、玻纤桨、木桨等。根据桨叶数量的不同，螺旋桨又可分为二叶桨、三叶桨、四叶桨等，如图1-18所示。

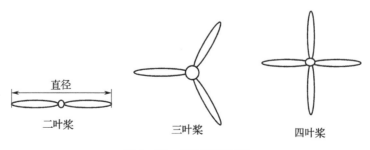

图1-18　螺旋桨的类型

学习任务 3 飞控系统

飞控即飞行控制系统，也称导航飞控系统，是控制飞行器飞行姿态和运动的中枢设备，也称自动驾驶仪。飞控是一种简单的控制系统，它使用无线电/雷达信号、航向和姿态角测量信号、大气数据系统的飞行参数或人工输入的指令信号，通过对俯仰、滚转和偏航的调整，自动地保持或控制飞机的姿态和飞行航迹，模仿飞行员的人工操纵，达到自动控制飞机的目的。图 1-19 所示为飞行控制系统的工作逻辑图。

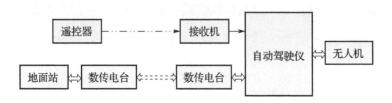

图 1-19 飞行控制系统的工作逻辑图

如果说无人机的飞控系统是无人机的"大脑"，那么无人机的导航系统就是无人机的"眼睛"，多技术结合是未来发展的方向。导航系统负责向无人机提供参考坐标系的位置、速度、飞行姿态等矢量信息，引导无人机按照指定航线飞行，相当于有人机系统中的领航员。图 1-20 所示为无人机飞控的实现框图。

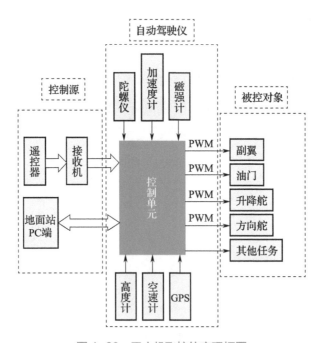

图 1-20 无人机飞控的实现框图

无人机载导航系统主要分非自主（GPS 等）和自主（惯性制导）两种，但分别有易受干扰和误差积累增大的缺点。而未来无人机的发展要求障碍回避、物资或武器投放、自动进场着陆等功能，需要高精度、高可靠性、高抗干扰性能，因此多种导航技术结合的"惯性 + 多传感器 +GPS+ 光电导航系统"将是未来发展的方向。

知识目标

● 了解无人机飞控的组成及作用。

素养目标

● 培养学生认真仔细，自主学习的能力。

? 引导问题

我们了解了无人机的飞控系统，大家想不想知道飞控由哪些部件组成？

知识点 1 飞控系统的硬件组成

飞行控制系统一般主要由主控模块、IMU（惯性测量单元）、GPS 指南针模块、LED 指示灯模块和 PMU 电源管理模块等组成，如图 1-21 所示。其中 IMU 包括三轴加速度计、三轴陀螺仪、电子罗盘（或磁力计），目的是得到多旋翼的姿态信息。市面上常说的 6 轴 IMU 包含了三轴加速度计和三轴陀螺仪，9 轴 IMU 包含了三轴加速度计、三轴陀螺仪和三轴磁力计，而 10 轴 IMU 则是在 9 轴 IMU 基础上多了气压计这一轴。IMU 是高精度感应飞行器姿态、角度、速度和高度的元器件集合体，在飞行辅助功能中充当极其重要的角色。

1. 主控模块

主控模块是飞行控制系统的核心，通过它将 IMU、GPS 指南针、舵机和遥控接收机等设备接入飞行控制系统，从而实现飞行器自主飞行功能。

2. 传感器

无人机导航飞控系统常用的传感器包括角速率传感器、姿态传感器、位置传感器、迎角侧滑角传感器、加速度传感器、高度传感器及空速传感器等，这些传感器构成无人机导航飞控系统设计的基础。

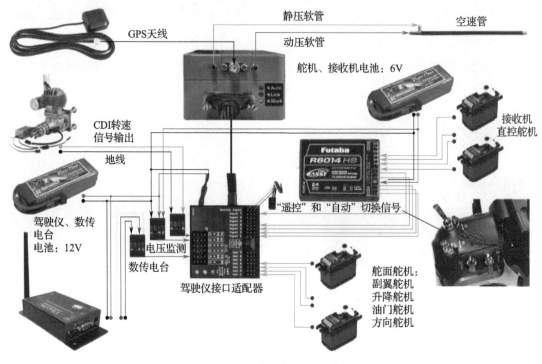

静压软管

空速管

GPS天线

动压软管

舵机、接收机电池：6V

接收机
直控舵机

CDI转速
信号输出

地线

Futaba
R6014HS

"遥控"和"自动"切换信号

驾驶仪、数传
电台
电池：12V

电压监测

数传电台

驾驶仪接口适配器

舵面舵机：
副翼舵机
升降舵机
油门舵机
方向舵机

图 1-21 飞控系统的硬件连接

（1）角速率传感器

角速率传感器也称为陀螺仪（图 1-22），是用高速回转体的动量矩敏感壳体相对惯性空间绕正交于自转轴的一个或两个轴的角运动检测装置，此为机械陀螺仪。角速率传感器是飞行控制系统的基本传感器之一，用于感受无人机绕机体轴的转动角速率，以构成角速率反馈，改善系统的阻尼特性，提高稳定性。角速率传感器的选择要考虑其测量范围、精度、输出特性、带宽等。角速率传感器应安装在无人机重心附近，安装轴线与要感受的机体轴向平行，并特别注意极性的正确性。

图 1-22 角速率传感器

（2）姿态传感器

姿态传感器用于感受无人机的俯仰、滚转和航向角度，用于实现姿态稳定与航向控制功能。姿态传感器的选择要考虑其测量范围、精度、输出特性、动态特性等。姿态传感器应安装在无人机重心附近，振动尽可能要小，有较高的安装精度要求。对于磁航向传感器要安装在受铁磁性物质影响最小且相对固定的地方，安装件应采用非磁性材料制造。

姿态传感器是基于 MEMS 技术的高性能三维运动姿态测量系统。它包含三轴陀螺仪、三轴加速度计、三轴电子罗盘等运动传感器，通过内嵌的低功耗 ARM 处理器得到经过温度补偿的三维姿态与方位等数据，如图 1-23 所示。利用基于四元数的三维算法和特殊数据融合技术，实时输出以四元数、欧拉角表示的零漂移三维姿态方位数据。对于在三维空间里的一个参考系，任何坐标系的取向，都可以用三个欧拉角来表现。参考系又称为实验室参考系，是静止不动的。而坐标系则固定于刚体，随着刚体的旋转而旋转。

（3）高度、空速传感器

高度、空速传感器（大气机）用于感受无人机的飞行高度和空速，是高度保持和空速保持的必备传感器，如图 1-24 所示。它一般与空速管、通气管路构成大气数据系统。高度、空速传感器的选择主要考虑测量范围和测量精度，其安装一般要求在空速管附近，尽量缩短管路。

a）三轴加速度传感器

b）三轴电子罗盘

图 1-23　姿态传感器

图 1-24　超声波高度计

（4）位置传感器

位置传感器用于感受无人机的位置，是飞行轨迹控制的必要前提。惯性导航设备、GPS 卫星导航接收机是典型的位置传感器。位置传感器的选择一般考虑与飞行时间相关的导航精度、成本和可用性等问题。惯性导航设备有安装位置和较高的安装精度要求，GPS 的安装主要应避免天线的遮挡问题。

3. PMU 电源管理模块

PMU 电源管理模块给飞控主控器、ESC 电调单元等组件供电，以保证飞控单元正常稳定的工作。

4. 飞控计算机

导航飞控计算机可简称为飞控计算机，是导航飞控系统的核心部件。从无人机飞行控制的角度来看，飞控计算机应具备如下功能。

（1）姿态稳定与控制

航向姿态系统（Heading and attitude system）是测量、显示和提供飞机航向角和姿态角信号的飞行仪表。这种系统主要由全姿态陀螺仪、磁感应传感器或天文罗盘以及全姿态指示器组成。它能向飞行人员指示导航所需要的航向角和驾驶所需要的倾侧角、俯仰角、偏航角，由装在随动环内的航向陀螺和垂直陀螺组成。

（2）导航与制导控制

导航、制导与控制学科先后开辟出飞行器控制、导航技术、惯导测试设备及测试方法、制导与系统仿真等四大研究方向，在制导控制方面，主要包括系统半实物仿真、复杂系统分布式仿真、大功率低干扰电驱动、惯导测试设备一体化设计、姿态控制、惯导平台小型化数字化等技术。

（3）自主飞行控制

以自动驾驶仪的形式应用自动化电子控制系统几乎是现今无人机控制普遍采用的方法。电子控制系统采用了一种称作反馈或闭环的工作方式。无人机飞行路径、姿态、高度、空速等的实际状态经过测量后以电信号的形式反馈给系统，并与期望的状态相比较（相减），二者之差，或称为误差信号，经放大后用于设置适当的控制面位置；反过来，舵面又会产生控制力使飞行器回归到期望的理想状态，使误差信号趋向于零值。

5. 机载飞控软件

机载导航飞控软件可简称为机载飞控软件，是一种运行于飞控计算机上的嵌入式实时任务软件。对它不仅要求功能正确、性能好、效率高，而且要求其具有较好的质量保证、可靠性和可维护性，如图 1-25 所示。

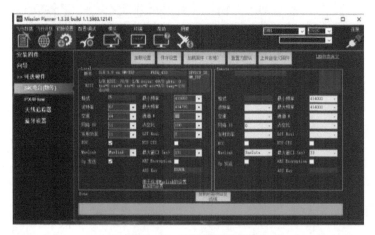

图 1-25　飞控调试软件

机载飞控软件按功能可以划分为硬件接口驱动模块、传感器数据处理模块、飞行控制律模块、导航与制导律模块、飞行任务管理模块、任务设备管理模块、余度管理模块、数据传输、记录模块、自检测模块以及其他模块。

知识点 2　飞控系统的功能

飞控系统也称为导航飞控系统，主要分为飞控子系统和导航子系统。飞控子系统是无人机完成起飞、空中飞行、执行任务、返场回收等整个飞行过程的核心系统，对无人机实现全权控制与管理，因此飞控子系统之于无人机相当于驾驶员之于有人机，是无人机执行任务的关键。飞控子系统的主要功能包括：①无人机姿态稳定与控制；②与导航子系统协调完成航迹控制；③无人机起飞（发射）与着陆（回收）控制；④无人机飞行管理；⑤无人机任务设备管理与控制；⑥应急控制；⑦信息收集与传递。

以上所列的功能中第①、④和⑥项是所有无人机飞行控制系统所必须具备的功能，而其他项不是每一种飞行控制系统都具备，也不是每一种无人机都需要的，根据具体无人机种类和型号可进行选择、裁剪和组合。

导航子系统功能是向无人机提供相对于所选定的参考坐标系的位置、速度、飞行姿态，引导无人机沿指定航线安全、准时、准确地飞行。完善的无人机导航子系统具有以下功能：①获得必要的导航要素：高度、速度、姿态、航向；②给出满足精度要求的定位信息：经度、纬度；③引导飞机按规定计划飞行；④接收预定任务航线计划的装定、并对任务航线的执行进行动态管理；⑤接收控制站的导航模式控制指令并执行，并且具有指令导航模式与预定航线飞行模式相互切换的功能；⑥具有接收并融合无人机其他设备的辅助导航定位信息的能力；⑦配合其他系统完成各种任务。

1. 实现飞机的自动飞行

飞机的自动飞行控制就是利用一套专门的系统，在无人参与的条件下，自动操纵飞机按规定的姿态和航迹飞行；通常可实现对飞机的三轴姿态角及飞机三个方向空间位置的自动控制和稳定。例如，对于完全无人驾驶的飞行器（如无人机或导弹等），其飞行可以实现完全自动控制；对有人驾驶的飞机（如民用客机或军用飞机），虽然有人参与驾驶，但在某些飞行阶段（如巡航等），驾驶员可以不直接参与操纵，而由飞行控制系统实现对飞机飞行的自动控制，但驾驶员应完成对自动飞行指令的设置和监督自动飞行的进行，并可以随时切断自动控制而实现人工驾驶。采用自动飞行的好处主要有以下几点：

1）长距离飞行时消除驾驶员的疲劳，减轻驾驶员的工作负担。

2）在一些坏天气或复杂的环境下，驾驶员难于精确控制飞机的姿态和航迹，自动飞行控制系统可以实现对飞机姿态和航迹的精确控制。

3）有一些飞行操纵任务，驾驶员难于精确完成，如进场着陆，采用自动飞行控制则可以较好地完成这些任务。

其具体的功能包括姿态（俯仰和滚转）保持（改平）、航向保持、高度保持、空速保持、高度选择、航向选择、自动舰基着陆、自动仪表低空进场、自动导航、自动地形跟踪/回避、自动航向/交通（飞行）管理、自动模态导引等。直升机飞行控制系统还有其独特的功能，如垂直升降、自动悬停、自转、自动过渡飞行、自动载荷稳定和控制吊放声呐功能等。

2. 改善飞机的性能

一般来说，飞机的性能和飞行品质是由飞机本身的气动特性和发动机特性决定的。但随着飞机飞行高度及速度的增加，飞机的自身特性将会变坏，如飞机在高空飞行时，由于空气稀薄，飞机的阻尼特性变坏，致使飞机角运动产生严重的摆动，靠驾驶员人工操纵将会很困难。

此外，设计飞机时，为了减小质量和阻力，提高有用升力，常将飞机设计成静不稳定的。对于这种静不稳定的飞机，驾驶员是难于操纵的。为了解决这类问题，可以在飞机上安装不同类型的飞行控制系统，使静不稳定的飞机变成静稳定的，使阻尼特性不好的飞机变成好的，这就是现代飞机上常用的增稳系统或阻尼器系统。这种系统也是一种控制系统，但它不是用来实现飞机的自动飞行控制，而是用来改善飞机的某些特性，实现所要求的飞行品质和飞行特性的。这种系统虽然不能实现飞行的自动控制，但仍用于飞行控制，是飞机飞行不可缺少的组成部分。它采用人工与自动飞行控制（操纵），由飞机操纵系统的复合机构对飞机操纵面（舵面）进行复合控制。

学习任务 4　地面站

无人机地面站也称控制站、遥控站或任务规划与控制站。在规模较大的无人机系统中，可以有若干个控制站，这些不同功能的控制站通过通信设备连接起来，构成无人机地面站系统，如图 1-26 所示。

图 1-26　无人机地面站

引导问题

我们经常看到电视和电影里那些用来控制无人机的地面站，这些地面站到底有什么作用？它们又是怎么控制无人机的呢？

知识点 1　地面站的功能

无人机地面站的主要功能是指挥控制与任务规划。无人机地面站系统其功能通常包括指挥调度、任务规划、操作控制、显示记录等，图 1-27 所示为地面站系统的功能逻辑图。

1）指挥调度功能：主要包括上级指令接收、系统之间联络、系统内部调度。

2）任务规划功能：主要包括飞行航路规划与重规划、任务载荷工作规划与重规划。

3）操作控制功能：主要包括起降操纵、飞行控制操作、任务载荷操作、数据链控制。

4）显示记录功能：主要包括飞行状态参数显示与记录、航迹显示与记录、任务载荷信息显示与记录等。

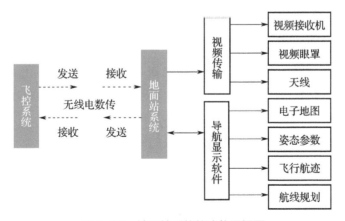

图 1-27　地面站系统的功能逻辑图

知识点 2　地面站的组成

标准的无人机地面站通常由数据链路控制、飞行控制、载荷控制、载荷数据处理等四类硬件设备机柜构成。无人机地面站系统可以由不同功能的若干控制站模块组成，主要包括以下几个部分。

（1）指挥处理中心

指挥处理中心主要作用是制定无人机飞行任务、完成无人机载荷数据的处理和应用。指挥中心 / 数据处理中心一般都是通过无人机控制站等间接地实现对无人机的控制和数据接收。

（2）无人机控制站

无人机控制站主要由飞行操纵、任务载荷控制、数据链路控制和通信指挥等组成，可完成对无人机机载任务载荷的操纵控制。一个无人机控制站可以指挥控制一架无人机，也可以同时控制多架无人机；一架无人机可以由一个控制站完成全部的指挥控制工作，也可以由多个控制站来协同指挥控制。

（3）载荷控制站

载荷控制站与无人机控制站的功能类似，但载荷控制站只能控制无人机的机载任务设备，不能进行无人机的飞行控制。

（4）显示系统

地面控制站内的飞行控制席位、任务设备控制席位、数据链管理席位都设有相应分系统的显示装置，因此需综合规划，确定所显示的内容、方式、范围。其主要的显示为飞行参数综合显示。

飞行参数综合显示可根据飞行与任务需要，选择需要的系统信息予以显示，便于无人机驾驶员判读。其主要包括以下内容：

1）飞行与导航信息。飞行与导航参数是无人机驾驶员控制无人机执行任务所必需的信息，显示内容一般包括无人机飞行姿态角及角速度信息、无人机飞行位置 / 高度 / 速度信息、大气数据信息、发动机状态信息、伺服控制及舵面响应信息。

2）数据链状态信息。包括数据链设备工作状态及信道状态等，显示的主要内容应有链路工作状态的主要工作参数、各种链路设备的工作参数、各种链路设备的工作状态。

3）设备状态信息。在飞行过程中，需要提供必要的系统设备状态信息，帮助无人机驾驶员正确做出相关控制，显示内容一般包括机载航空电子状态信息、机载任务设备状态信息、地面设备状态信息、机载供电信息、导航状态信息、时钟信息等。

4）指令信息。控制指令显示是无人机驾驶员判断操纵指令发送有效性的重要信息。控制指令作为在线监测内容，能够明确表达和描述指令发送是否有效，同时可对指令通道简单故障定位，显示内容应包括指令代码、发送状态、接收状态。

（5）告警

告警信息包括视觉告警和听觉告警。视觉告警主要包括灯光告警、颜色告警和文字告警等；听觉告警主要包括语音告警和音调告警等。按告警级别，又可将其分为提示、注意和警告三个级别，具体说明如下：

1）提示表明需要操纵人员重视系统安全或工作状态、性能状态以及提醒操纵人员进行例行操纵的信息。

2）注意表明即将出现危险状况，发展下去将危及飞行安全，或某系统、设备故障，将影响飞行任务完成或导致系统、设备性能降低，需引起操纵人员注意，但无须立即采取措施的信息。

3）警告表明已出现了危及飞行安全的状况，需立即采取措施的信息，它是告警的最高级别。

（6）地图航迹显示

地图航迹显示可为无人机驾驶员提供无人机位置等导航信息（图1-28）。它包括了飞机的导航信息显示、航迹绘制显示以及地理信息的显示。

1）导航信息显示：能够显示无人机实时定位信息、机载定位传感器设备状态信息、无人机导航信息、导航控制器相关参数和任务规划信息。

2）航迹绘制显示：在无人机飞行过程中，往往要动态监视无人机位置及飞行轨迹，无人机驾驶员可以据此信息进行决策，规划飞行航路。无人机位置和航迹显示应能直观形象、简捷明快地显示无人机图标、背景地图、规划航线和飞行航迹线等信息。

3）地理信息显示：地理信息可视化是地图航迹显示软件功能的一个重要组成部分，应包含多层信息内容，可根据需要，选择若干层面予以显示。其主要功能有图形用户界面、开窗缩放功能、窗口自动漫游、多种显示方式的运用和比例尺控制显示、符号、注记、色彩控制等。

图 1-28　无人机地面站的地图航迹显示

学习任务 5　载荷

任务载荷是指那些装备到无人机上为完成任务的设备，包括执行航拍、植保、测绘、物流所需的设备，如摄像机、药箱等，但不包括飞行控制设备、数据链路和燃油等附属装备。无人机的任务载荷的快速发展极大地扩展了无人机的应用领域，无人机根据其功能和类型的不同，其上装备的任务载荷也不同，如图 1-29 所示。

多倍变焦摄像机

夜视摄像机

远程强光灯

喊话器

红外热成像仪

急救包

定点抛投装置

图 1-29　某无人机的可搭载载荷

● 了解无人机载荷的定义和作用。

● 培养学生的职业道德观念，增强学生的责任意识。

? 引导问题

　　无人机要加上其他功能载荷才能完成任务，那你们知不知道无人机通常可以带哪些载荷呢？

知识点 1　载荷的定义

　　一般来说，无人机的任务载荷大多需要安装在各种平台上面以实现在水平和竖直方向进行转动，以达到使任务载荷充分发挥其功能的目的。很多时候，人们把用于连接摄像机与摄像机支撑架、承载摄像机进行水平和垂直两个方向转动的装置叫做云台，可分为固定云台和电动云台两种。

　　通常，我们可以把云台理解为这样一种设备：它是一种可以在水平和垂直两个方向上转动的装置，在它上面可以安装需要在这两个方向进行转动的其他设备，如摄像机等，如图 1-30 所示。无人机上的各种任务载荷，如光电/红外传感器、合成孔径雷达、激光雷达、激光测距机和各种武器设备等都需要这样的云台。另外，云台还需要能够接收遥控指令并根据指令进行调整或保持一个特定角度等功能，其他可选的特性还有防爆、防水、耐高温、抗风等。云台

图 1-30　无人机摄像机云台

的这些功能特性保证无人机在飞行过程中，使其上的任务载荷能进行有效的作业。

知识点 2　常见载荷

　　按任务设备用途的不同，任务设备可以分为侦察搜索设备、测绘设备、军用专用设备、民用专用设备等。侦察搜索设备常用的有光电平台、SRA 雷达、红外传感器等；测绘设备则包括测绘雷达、航拍相机等。

（1）可见光相机

据不完全统计，现有无人机遥感系统的传感器类型有 70% 以上为光学数码相机，因此，光学数码相机仍是无人机传感器的主要构成。目前，国内外无人机上使用的光学相机主要有飞思、哈苏等中画幅数码相机和尼康、佳能、索尼、富士、徕卡以及三星等小画幅数码单反相机，图 1-31 所示为尼康 D750 相机。这些相机系统机身重量较轻，外形尺寸较小，有效像素一般在 8000 万像素以下。

图 1-31　尼康 D750 相机

（2）倾斜摄影相机

无人机倾斜摄影相机外载荷的主要功能是三维实景模型重建，在数字（智慧）城市、电力巡检、数字旅游、数字文物和数字地形图测绘等方面有大量的成功应用实例。

按照相机镜头数量的不同，无人机倾斜摄影相机可分为五镜头倾斜相机（图 1-32）、三镜头倾斜相机和两镜头倾斜相机；按照配置相机类型的不同，可分为中画幅倾斜相机、全画幅相机、APS 画幅倾斜相机和小画幅倾斜相机。

图 1-32　五镜头倾斜摄影相机

（3）红外行扫描仪

红外行扫描仪是一种热成像装置，它利用扫描镜收集红外辐射并投射到红外探测器上形成红外图像信号，用其调制光源并记录在感光胶片上，构成红外照相机，图 1-33 所示为热红外相机采集的影像。也可以用这种红外图像信号调制视频通道，然后经过数据传输系统发送回地面接收站。红外行扫描仪属于机载无源探测设备，其最大的优势就是能够探测物体自然的红外辐射而不借助环境光的照射。因此，它可以进行夜间监视和侦察，不仅自身隐蔽性好，而且不受一般目视伪装的欺骗。红外行扫描仪同样存在实时性差的特点，趋向于被前视红外器件所替代。

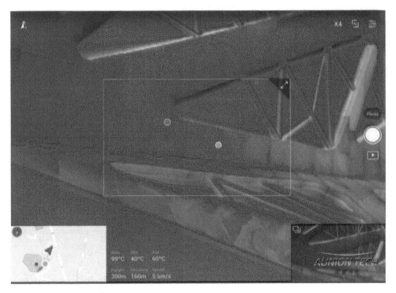

图 1-33　热红外相机采集的影像

（4）前视红外设备

前视红外（FLIR）即热成像器（TI），是一种通过光学系统把景物红外辐射成像在红外敏感元件阵列上，并变换成视频电信号的红外成像探测器。前视红外与点源红外探测器的区别在于，它具有较高的空间分辨力，能分辨出景物的各个细节，反映出景物自身热特征的图像。它探测景物自身红外辐射无须环境光（包括红外）照射。因此，前视红外是目前能在黑夜发挥作用，并且不会被目视（可见光）伪装和假目标欺骗的无可替代的夜间无源成像探测器，被广泛用于夜间图像情报探测设备中。

前视红外由于技术复杂、造价高，目前还不是无人侦察机普遍装备的实时成像探测设备，但它已是高性能昼夜全天候无人侦察机不可替代的设备。前视红外还常作为核心与电视摄像机或激光测距器／照射器综合成为多探测器转塔，昼夜执行多种任务。

（5）合成孔径雷达

合成孔径雷达（SAR）利用合成孔径天线和先进的信号处理技术，分析运动飞行器的一系列雷达扫描的多普勒频移而产生数百米宽的虚拟天线，可以获得远高于传统雷达的分辨力，如图 1-34 所示。它在夜间和恶劣气候时能有效工作，能够穿透云层、雾和战场遮蔽，以高分辨力进行大范围成像。但其设备质量和能量消耗都非常大，其应用限制在战术无人机上，目前只有大型无人机具备搭载合成孔径雷达的能力。但轻型天线和紧凑的信号处理装置的发展以及其成本的降低，使合成孔径雷达的应用更为广泛。无人机本身的处理能力不足以处理合成孔径雷达的数据，因此它需要通过大容量数据链向地面站传输高分辨力图像的数据。合成孔径雷达的战术用途因其能从雷达图像中提取附加信息的一些工作模式而增加，另一个很有希望的发展涉及将合成孔径雷达数据与来自其他传感器的数据进行组合，利用特定的操作模式对目标进行探测，可以从雷达图像中获取更多的有用信息，提高合成孔径雷达的战术效用价值。

图 1-34　飞行器搭载合成孔径雷达

（6）激光雷达

激光雷达（图 1-35）是一种主动式的现代光学遥感技术，是传统雷达技术与现代激光技术相结合的产物。机载激光雷达系统主要包括激光测距仪、惯性导航系统（INS）和动态 DGPS 接收机。激光测距仪用于测定激光雷达信号发射点到地面目标点间的距离，惯性导航系统利用惯性测量单元（IMU）来测定飞机的扫描装置主光轴的姿态参数，动态 DGPS 接收机来确定激光雷达信号发射点的空间位置。

图 1-35　无人机携带激光雷达

拓 展 课 堂

这些年，我国在科技领域不断实现突破创新，在某些领域甚至已经成为了世界上的佼佼者。这样一来，就导致美国的科技霸主地位受到了威胁，频繁对我国科技企业进行限制。

继华为之后，美国又开始采用相同的手段对大疆展开限制。但是这次非但没有成功限制住大疆，反而让大疆在美国提升了价格。目前，大疆在美国的市场份额有增无减，依然是全球无人机行业的霸主。

那么，这究竟是为什么呢？

实际上，早在 2016 年的时候，美国就以国家安全为由遏制我国的高科技公司所生产的产品，其中，大疆无人机也被列入禁用名单当中。然而到目前为止，大疆无人机还在美国进行使用。

在 2019 年年底，美国彻底禁止军方采购和使用我国的大疆无人机，甚至还表示，大疆无人机危及了"国家安全"。

所谓的危及国家安全，实际上，就是想要限制我国高科技行业的发展。

虽然美国本土市场也有其他的无人机品牌，但是其性能和价格远远不如大疆。如果大疆真的存在安全危险的话，美国将会实施政策，全面限制大疆。而美国没有全面限制大疆的首要原因，就是它并未对其造成实质性的威胁。

第二个原因，就是美国离不开大疆无人机。

目前，美国的军队、消防等重要行业，都没有办法离开大疆无人机。即便是 2019 年，大疆被警告存在数据安全问题，美国空军安全部队也购买了 17 架大疆无人机。

大疆对美国的限制无所畏惧的第三个原因，就是自身品质过硬。

目前大疆在国际市场还没有遇到对手。大疆的总经理曾对外表示，大疆无人机的每一个零部件，都是自己生产的，底层的代码也是自己研发的。

华为之所以受到美国的限制，主要原因就是核心技术掌握在他国手中。原以为美国如法炮制限制大疆，会对大疆造成严重的冲击，但事实并非如此。

大疆每年都会投入较多的资金进行技术研发，这就让其将核心技术牢牢地掌握在了自己手中，不会受到国外的制约。大疆的市场规模正在不断扩大，照目前的情况来看，未来大疆的市值和市场规模还会继续增长下去。

02 模块二 无人机的结构构型

根据不同的任务需求，无人机的形式有多种多样。如果任务追求长时间的飞行，一般会采用具有大翼展的固定翼无人机，以提高无人机的升阻比，进而提升无人机的续航性能；如果任务需要敏捷机动、方便起降，一般会采用具有垂直起降功能的无人机，比如多旋翼；如果希望兼具起降便捷与远距离飞行，可以采用复合翼无人机。这些不同的任务需求，导致了不同的无人机设计，主要体现在无人机的构型上面。本模块将主要从无人机的结构构型方面，给读者普及固定翼无人机、多旋翼无人机、无人直升机和复合翼无人机等各种不同构型无人机的结构组成情况。

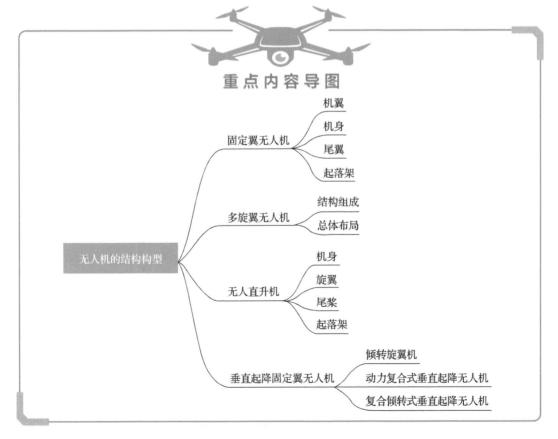

学习任务 1　固定翼无人机

固定翼飞机是指由动力装置产生前进的推力或拉力，由机身上的固定机翼产生升力，在大气层内飞行的重于空气的航空器。尽管根据用途或目的不同可以将固定翼无人机设计成不同的具体形状和结构，但是固定翼无人机与有人机的结构构造大体一致，主要由机身、机翼、动力装置、尾翼和起落装置等组成，如图 2-1 所示。

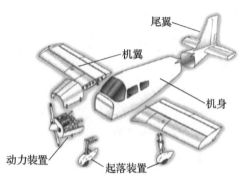

图 2-1　固定翼飞机的主要结构组成

知识目标

● 理解固定翼无人机机翼、机身、尾翼和起落架的结构和功能作用。

素养目标

● 培养学生的好奇心，积极探索的精神。

? 引导问题

1）大家看过很多固定翼无人机的视频了，那你知不知道一架固定翼无人机由哪几个主要部件组成呢？

2）下面我们要讲到机翼的翼梁和翼肋，你知道它们是什么吗？它们的作用分别是什么呢？

3）我们都知道飞机有漂亮的小尾翼，它的作用也非常关键，你知道固定翼无人机的尾翼是起什么作用的吗？

知识点 1　机翼

机翼是固定翼飞机的一个重要部件，其主要功用是产生升力。当它具有上反角时，可为飞机提供一定的横侧稳定性。机翼上安装有多个舵面，其前缘有前缘缝翼和襟翼，后缘有副翼和襟翼，上表面有扰流板。很多飞机的起落架和发动机安装在机翼的结构上，机翼的内部用作结构油箱，可存储燃油。

机翼属薄壁型结构，构造主要分成蒙皮和骨架结构两部分，如图2-2所示。骨架结构中，纵向构件有翼梁、长桁和墙（腹板），横向构件有普通肋和加强肋。翼面结构在根部与其他翼段或机身相连。翼面构件的基本功用是形成和保持翼面外形，以产生气动力，同时承受和传递外载荷。机翼的整体内部结构形式如图2-3所示。

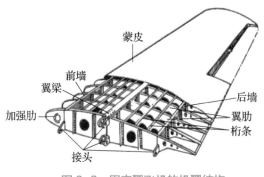

图2-2 固定翼飞机的机翼结构

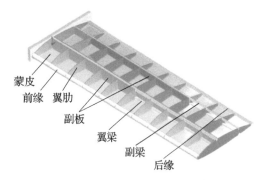

图2-3 机翼的内部结构形式

（1）翼梁

翼梁是最强有力的纵向构件，主要作用是承受机翼的剪力和弯矩，在机翼根部与机身用固定连接接头连接，有腹板式、整体式与桁架式三种结构形式。

腹板式金属翼梁由橼条和腹板铆接而成，截面为T形和L形。整体式翼梁是一种铝合金锻制的腹板式翼梁，其优点是刚度大，截面面积尺寸可以更好地符合强度要求。现代飞机多采用腹板式或整体式翼梁。桁架式翼梁由上、下缘条和许多直支柱、斜支柱连接而成，多用于低速重型飞机上。

（2）翼肋

翼肋可分为普通翼肋和加强翼肋两种。翼肋的主要作用是支持蒙皮、桁条、翼梁腹板，提高它们的稳定性以及把蒙皮和桁条传给它的局部空气动力传给翼梁腹板。

（3）桁条

桁条主要由薄铝板制成。它的主要作用包括：支撑蒙皮，防止它在承受局部空气动力时产生过大的局部变形，并与蒙皮一起把局部空气动力传给翼肋；提高蒙皮的抗剪和抗压稳定性，使它能更好地承受机翼的扭矩和弯矩；与蒙皮一起承受由弯矩引起的轴向力。

（4）蒙皮

各种机翼的蒙皮，都具有承受局部空气动力和形成机翼外形的作用。在金属蒙皮机翼结构中，蒙皮还要承受机翼的扭矩和弯矩。现代民航客机的机翼多采用整体式壁板结构。

作用在机翼上的外载荷主要有两种形式：一种是以分布载荷的形式作用于机翼上；另一种是以集中载荷的形式作用于机翼上。

分布载荷包括空气动力和自身质量力（重力和惯性力），如图 2-4 所示，机翼上部的箭头表示为气动力沿翼展方向的分布，机翼下部的箭头表示为质量力沿翼展方向的分布，另外还有与飞机飞行方向相反的空气阻力和机翼中燃油重量作用在机翼上的分布载荷。

而集中载荷是由其他部件通过接头传给机翼结构的，因其一般集中作用在个别连接点上而称为集中载荷，图 2-4 所示的发动机传给机翼的质量力和拉力都是集中载荷。当飞机在地面停放、滑行和起飞着陆时，装在机翼上的起落架传给机翼的机身反作用力也是集中载荷。

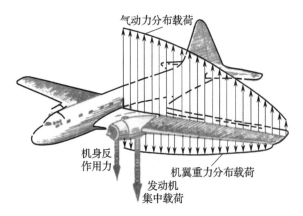

图 2-4　机翼上承受的外部载荷

在这些外载荷的作用下，机翼结构承受图 2-5 所示的弯矩、剪力和扭矩，这些力和力矩在机翼结构中形成内力平衡。其中，垂直剪力引起的作用在垂直面内的垂直弯矩，水平剪力引起的作用在翼弦平面内的水平弯矩，垂直剪力在机翼面上不平均分布引起扭矩。在剪力、弯矩和扭矩的作用下，机翼会产生结构变形。弯矩使得机翼产生弯曲变形，扭矩导致机翼产生扭转变形。

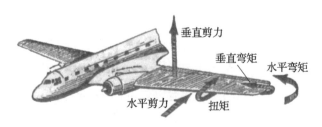

图 2-5　机翼承受的力和力矩

知识点 2　机身

机身的主要作用是装载人员、货物、设备、武器和燃料等，也是飞机其他结构部件的安装基础，将尾翼、机翼及发动机等连接成一个整体。机身的结构形式与机翼类似，也可分为三种形式。

（1）构架式

在早期的低速飞机上，机身的承力构架都做成四缘条的立体构架，如图 2-6 所示。

构架式机身为了减小飞机的阻力，在承力构架外面，固定有整形用的隔框、桁条和蒙皮，这些构件只承受局部空气动力，不参加整个结构的受力。机身的剪力、弯矩和扭矩全部由构架承受。其中，弯矩引起的轴向力由构架的四根缘条承受；垂直方向的剪力由构架两侧的支柱和斜支柱（或各对张线）承受；水平方向的剪力由上、下平面内的支柱、斜支柱（或张线）承受；机身的扭矩则由 4 个平面构架组成的立体结构承受。构架式机身的抗扭刚度差，空气动力性能不好，其内部容积也不易得到充分利用，现在只有一些小型低速飞机机身采用构架式机身。

（2）硬壳式

硬壳式机身结构由蒙皮与少数隔框组成，如图 2-7 所示。其特点是没有纵向构件，硬壳式机身蒙皮较厚，由蒙皮承受主要的应力。

这种机身的优点是结构简单，气动外形光滑，内部空间可全部利用。但因为机身的相对载荷较小，而且机身不可避免要大开口，会使蒙皮材料的利用率不高。因开口补强增重较大，所以，这种形式的机身实际上用得很少，只在机身结构中某些气动载荷较大、要求蒙皮局部刚度较大的部位，如机身头部、机头罩、尾锥等处采用。

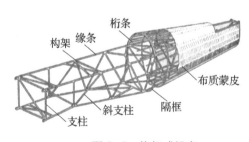

图 2-6　构架式机身

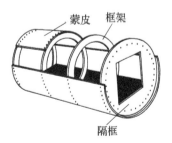

图 2-7　硬壳式机身的结构

（3）半硬壳式

为了使机身结构的刚度能满足飞行速度日益增大的要求，需要使蒙皮参加整个结构的受力。因此，目前的机身结构广泛采用了金属蒙皮，并将蒙皮与隔框、大梁、桁条牢固地铆接起来成为一个受力的整体，通常称为半硬壳式机身，如图 2-8 所示。与机翼相比，其区别主要是梁式机身的承力梁本身没有腹板，它是利用机身蒙皮当作它的腹板来承受载荷的，因其又像桁条而称为桁梁，只是比桁条粗大许多。半硬壳式机身可分为桁梁式和桁条式。

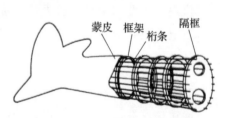

图 2-8　半硬壳式机身结构

在半硬壳式机身中，桁条与大梁主要承受弯矩引起的轴向力；蒙皮除了承受部分轴向力外，还要承受全部扭矩与剪力；隔框用来保持机身的外形和承受局部空气动力，此外还要承受各部件传来的集中载荷，并将这些载荷分散地传给蒙皮。

桁梁式机身由几根较强的大梁、桁条、蒙皮与隔框组成，机身弯曲时，弯矩所产生的轴向力主要由大梁承担，蒙皮和桁条组成的壁板只能承受小部分轴向力，如图 2-9 所示。

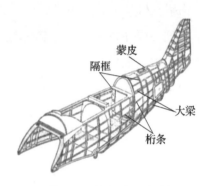

图 2-9　桁梁式机身结构

桁条式机身的桁条和蒙皮较强，受压稳定性好，弯矩引起的轴向力全部由桁条式机身上部和下部的蒙皮和桁条组成的壁板受拉、受压来承受。由于蒙皮加厚，改变了机身的空气动力性能，增大了机身结构的抗扭刚度，所以与桁梁式机身相比，它更适用于较高速飞机，如图 2-10 所示。

图 2-10　桁条式机身结构

知识点 3　尾翼

尾翼的主要功能是保持飞机的纵向平衡、保持飞机纵向和方向稳定性、实现飞机纵向和方向操纵。尾翼包括水平尾翼和垂直尾翼两部分。水平尾翼由固定的水平安定面和安装在其后部的升降舵构成，也有些飞机的升降舵由全动式水平尾翼代替，如图 2-11 所示。垂直尾翼由固定的垂直安定面和安装在其后部的方向舵组成，如图 2-12 所示。升降舵用来操控飞机的纵向运动，方向舵用来操纵飞机的横向运动。

尾翼结构一般也由梁、肋、桁条和蒙皮构成，其构造方法与机翼相似，如图 2-13 所示，本书在此不再赘述。尾翼形的种类则比较丰富，有常规型、T 形、十字形、Y 形等。

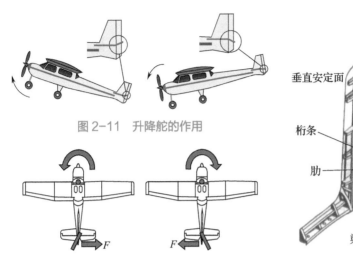

图 2-11 升降舵的作用

图 2-12 方向舵的作用

图 2-13 垂直尾翼的结构

垂直安定面

桁条

肋

方向舵

梁

知识点 4 起落架

起落架的主要功用是支撑飞行器停放、滑行、起飞和着陆滑跑。它一般由支柱、缓冲器、机轮、制动装置和收放机构组成，如图 2-14 所示。在陆地上起降时，起落装置一般由减振支柱和机轮构成；水上起降时，起落装置为浮筒式或是雪地起降用的滑橇式。

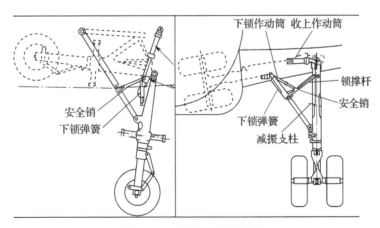

安全销
下锁弹簧
下锁作动筒　收上作动筒
锁撑杆
安全销
下锁弹簧
减振支柱

图 2-14 起落架的组成结构

1. 起落架各组成部分的作用

1）减振器：作用是吸收着陆和滑跑时的冲击能量，减小冲击载荷。减小载荷有利于减轻结构重量，改善乘坐品质。

2）支柱：用来承受地面各个方向的载荷并作为安装机轮的支撑部件。为了充分利

用构件，减轻重量，减振器和支柱可以合二为一。

3）机轮：用于地面运动，并有一定的减振作用。制动装置安装在机轮上，以减小着陆滑跑距离，同时利用左右机轮不同的制动力可以使飞机在地面转弯，提高地面机动性。

4）收放机构：用于起落架的收起和放下。飞行时收起起落架以减小阻力，着陆前放下起落架。收放机构同时用于固定支柱，使支柱与机体成为一个整体受力的构件，而不只是一个可以运动的机构。

2. 起落架的布置形式

起落架在飞机上的布置一般为三点式，根据主轮相对重心的位置不同分为前三点式和后三点式。

（1）前三点式

前三点式即在飞机重心后并排安置两个主轮，在飞机前部安置一个前轮，如图 2-15 所示。20 世纪 50 年代后，前三点式起落架得到广泛应用。它的主要优点包括：前轮远离飞机重心，允许强力制动而无倒立危险，因此能有效地缩短着陆滑跑距离；飞机滑跑方向稳定性好，起飞着陆容易操纵；机身轴线与地面基本水平，可避免喷气发动机的燃气烧坏跑道；飞行员视界好。其缺点包括：前起落架承受的载荷大，构造复杂，尺寸大，重量大；前轮会产生摆振现象，因此要有防止摆振的措施。

（2）后三点式

后三点式即在飞机重心前并排安置两个主轮，在飞机尾部有一个较小的尾轮，如图 2-16 所示。它的优点包括：易于在飞机上安装尾轮，结构简单，尺寸、重量都较小；着陆滑跑时迎角大，可利用较大的阻力进行减速，缩短滑跑距离。其缺点包括：在大速度滑跑时，遇到前方撞击或强力制动时，容易发生倒立；速度较大时着陆容易跳起，造成低空失速；滑跑过程中方向稳定性差；起飞滑跑时机身会仰起。

图 2-15　前三点式起落架无人机　　　　图 2-16　后三点式起落架无人机

学习任务 2　多旋翼无人机

多旋翼直升机是一种具有 3 个或更多个旋翼轴的特殊的直升机。通过每个轴上的电机转动带动旋翼旋转，从而产生升力和推力。多旋翼无人机是目前民用最广泛的一种无人机构型，也是最容易操控的一种无人机结构，其民用应用主要集中在航拍与植保领域，图 2-17 所示为国内著名无人机厂商大疆推出的四轴航拍无人机。

图 2-17　四轴航拍无人机

多旋翼直升机的各个旋翼的总距都是固定的，通过改变不同旋翼之间的相对转速来改变单轴推进力的大小，从而控制直升机的运行轨迹。由于多旋翼直升机结构相对比较简单，所以本节将针对多旋翼直升机的总体布局、结构形式及设备的布置特点进行概述。

知识目标

● 了解多旋翼无人机的总体结构布局与结构组成。

素养目标

● 培养学生的爱国主义情怀、职业理想与信念。

? 引导问题

估计不少同学都玩过四旋翼无人机，比如大疆的航拍无人机，那你是否知道多旋翼无人机是由哪些结构部件组成的呢？

知识点 1　多旋翼无人机的结构组成

多旋翼无人机总体上可分为机架、动力系统、指挥控制系统三大系统。本节主要介绍机架，包括机身、机臂、脚架和云台。

（1）机身

机身是指多旋翼无人机的机身架，主要用来安装各类电子设备、动力电池或燃料，同时也是其他结构零件的安装基础，用来将脚架、机臂和云台等连接成一个整体，如图2-18所示。机身四周安装固定电机的支架，用于支撑和安装电机及旋翼。机身下方是有效载荷挂载区，可以安装完成任务的专用设备。起落架安装在机身下方两侧，且绝大多数都是固定式起落支架。以上所有设备及构件在机身上安装布置时应尽量使重心接近机身的

图2-18　无人机机身结构

中心对称点，如果其中的结构部件、动力系统、任务设备等位置已确定，则需要有针对性地调整某些航电设备的安装位置，最终使重心位置接近几何中心点，以确保飞行安全。

（2）机臂

机臂是机架的延伸，用于安装电机，可延长轴距，如图2-19所示。它一般由碳纤维杆材（管材）制成，这些支架杆（管）材都是中空结构，内部空间可以为电机、电调电源线、数据线等提供通道并与飞控设备相连。发动机支架一般都环绕机身对称布置，一些更多旋翼的无人机还会在一个支架上分叉衍生

图2-19　多旋翼机臂

出多个单独支架，从而满足更多的旋翼和发动机的安装需求。

支架一端与中央机身固接，另一端安装发动机基座。有些多旋翼直升机支架会采用向下折叠的方式进行收缩，以减小运输、储存空间，一般都采用手动折叠的方式进行。除发动机外，支架上还要设置电调，电调也可以装在支架内部，但需要考虑到飞行过程中电调的散热问题。

（3）脚架

多旋翼直升机的起落架大多数是结构非常简单的起落支架，又称为脚架。大部分无人机的起落支架都是固定的，如图2-20所示。对于多旋翼直升机而言，起落支架的飞行阻力较大，因此，飞行速度比较高的多旋翼直升机，要尽量采用空中可以折叠的起落架，或者在满足强度的情况下尽可能将起落支架设计成阻力更小的细杆。脚架的作用主要有以下几点：

1）支撑整台飞机的重量。

2）避免螺旋桨与地面太近而发生触碰。

3）弱化起飞时的地效。

4）消化和吸收飞机在着陆时的撞击能量。

图 2-20　多旋翼脚架

为了进一步减小飞行阻力，现在很多无人机机体还会设计一个流线型机壳，将整个机身和支架全部包裹起来，这样不但使机体结构更加美观，还会对其中的航电设备提供更好的保护。

（4）云台

云台是安装、固定摄像机的支撑设备，如图 2-21 所示。它可分为固定云台和电动云台两种。固定云台适用于监视范围不大的情况，在固定云台上安装好摄像机后可调整摄像机的水平和俯仰的角度，达到最好的工作状态后即可锁定调整机构。电动云台适用于对大范围进行扫描监视，它可以扩大摄像机的监视范围。电动云台由执行电机来实现，电机接受来自控制器的信号精确地运行定位。多旋翼上安

图 2-21　摄像机云台

装云台的作用在于，云台能平稳转动使摄像机光轴变化平缓，从而有利于视频输出平滑及目标检测；此外，云台还可减少多旋翼在飞行过程中因外部因素导致的摄像机抖动。

知识点 2　多旋翼无人机总体结构布局

1. 多旋翼直升机的旋翼布置形式

目前多旋翼直升机通常采用四旋翼、六旋翼、八旋翼等偶数轴轴对称的布置形式，通过机身将起落架、动力装置、机载设备等连接在一起，机体的中央位置集中布置飞控、GPS、电池、有效载荷等，四周均布设置发动机支架和螺旋桨。多旋翼直升机的飞行速度比较低，最大飞行速度一般在 60~70km/h 之间。

（1）四旋翼布局

四旋翼直升机的总体布局方式是最典型的多旋翼方案，由于旋翼数目为偶数，力矩平衡一般采用对外平衡策略，即一对支架上的两个旋翼旋转方向是一样的，另一对支架的两个旋翼旋转方向与之相反，每一对旋翼的力矩相互形成平衡关系，平衡原理如图 2-22 所示。

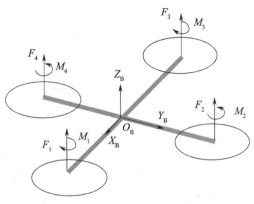

图 2-22　四旋翼升力平衡原理图

四旋翼直升机的布局一般为 X 形、十字形和 H 形。由于无论是前飞、侧飞、倒飞，十字形四旋翼（图 2-23）都有一个支架会干扰任务设备的视角，因此用得越来越少。而 X 形（图 2-24）和 H 形两种布局视野相对较好，是目前四旋翼直升机最常见的总体布局形式。

图 2-23　十字形布局

图 2-24　X 形四旋翼布局

（2）六旋翼布局

六旋翼直升机一般有两种布局形式：一种是沿机身的正前后方向设置一对旋翼；另一种是 6 个旋翼左右对称布置，前方相对比较开阔，具体布局如图 2-25 所示。无论是四旋翼布局还是六旋翼布局，在布局方案中都需要重点考虑螺旋桨之间的气动干扰问题。

a）前后布局　　　　b）对称布局

图 2-25　六旋翼布局

螺旋桨的气动性能直接关系到多旋翼直升机的飞行性能，为了确保各个螺旋桨能够在一个相对独立的流场中工作，就必须保证螺旋桨之间的最小安全距离，设计时一般可以通过调节支架的长度来保证，各个桨叶之间的距离为桨径的15%~20%。

（3）八旋翼布局

八旋翼也有和以上的六旋翼类似的布局，且8个旋翼在水平圆周面内间隔45°均布。此外，还有一种比较特殊的采用4个单独Y字形支架的布局，每个支架外端支撑着两个电机和螺旋桨（图2-26）。八旋翼之间的力矩平衡方式很多，可以单独使每对旋翼自我平衡，也可以对外平衡，此处不再赘述。

图2-26　八旋翼布局

除了八旋翼之外，还有少数多旋翼直升机使用10个、12个、16个等更多的旋翼布局。一般来说，旋翼数量越多，升力分布就越分散，当某个旋翼出现故障时，对无人机的平衡影响就越小，越容易使操作者操纵无人机安全返回并降落。

2. 多旋翼无人机结构形式

（1）无边框形式

无边框形式如图2-23所示，在多旋翼无人机中比较常见，简单实用，重量轻。其缺点是螺旋桨没有保护，存在安全隐患，特别是在人员密集的场所。

（2）有边框形式

鉴于无边框多旋翼存在的安全隐患，可以给螺旋桨加装边框或是直接设计成有边框形式，以防螺旋桨伤到他人，如图2-27所示。边框的使用增加了整机的重量，减少飞行时间。因此，为了使增重尽可能小，一般采用发泡材料或空心材料制造边框。

图2-27　涵道式有边框无人机

（3）水平折叠式

由于各机臂朝不同方向伸展，多旋翼无人机的尺寸一般比较大，运输不方便。因此，可考虑在水平面内对机臂进行折叠，节省运输空间，机臂的折叠方式可以是所有机臂向一侧收、两侧机臂向中间收、中间机臂向两侧收或是机臂从中间对折，如图2-28所示。

（4）竖直折叠式

竖直折叠不仅可以节省运输空间，在运输过程中还可以不拆卸云台设备或药箱，省去反复拆装的麻烦，如图 2-29 所示。

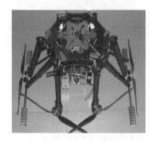

图 2-28　水平折叠无人机　　　　　　　　　图 2-29　竖直折叠无人机

学习任务 3　无人直升机

直升机是一种由一个或多个水平旋转的旋翼提供向上升力和推进力而进行飞行的航空器。直升机具有大多数固定翼航空器所不具备的垂直升降、悬停、小速度向前或向后飞行的特点。现代无人直升机主要包括单旋翼带尾桨无人直升机和共轴无人直升机。

单旋翼带尾桨无人直升机是目前最为广泛应用的机型，如图 2-30 所示。它的优点是结构简单，操纵灵便。一个水平旋翼负责提供升力，尾部一个小型垂直旋翼（尾桨）负责抵消旋翼产生的反扭矩。

共轴无人直升机采用了上下共轴反转的两组旋翼用来平衡旋翼扭矩，所以不需要尾桨，消除了单旋翼无人直升机存在的尾桨故障隐患和飞行中因尾梁的振动和变形而引起的尾桨传动机构故障隐患，如图 2-31 所示。

　　图 2-30　常规单旋翼无人直升机　　　　　　图 2-31　共轴双桨无人直升机

直升机主要由机体和升力（含旋翼和尾桨）、动力、传动三大系统以及机载飞行设备等组成。直升机详细结构如图 2-32 所示。旋翼一般由涡轮轴发动机或活塞式发动机通过由传动轴及减速器等组成的机械传动系统来驱动。本节主要讲解机体结构部分，包括旋翼、尾桨、起落架和机身等部件。

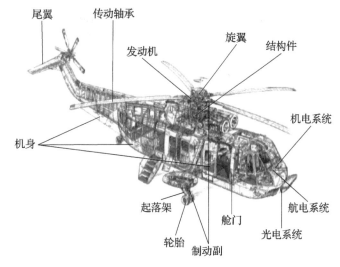

图 2-32 直升机结构图（有人）

知识目标

● 了解无人直升机的结构组成。

● 了解无人机尾桨的作用。

素养目标

● 培养学生的爱国主义热情。

● 培养学生的批判性思维能力。

② 引导问题

1）大家听过的最有名的直升机有哪些？我们国产的直升机你们知道有哪些吗？

2）我们看到的直升机屁股后面都会有个小的螺旋桨，看起来很复杂，但是它对于直升机来说是非常关键的。你是否知道它起什么作用呢？

知识点 1 直升机的机身

机身是直升机的重要部件，用来支持和固定直升机的部件和系统，并用来装载物资和设备，机身外形对直升机飞行性能、操纵性和稳定性有重要影响。参考有人直升机的结构（图 2-33），直升机机身一般从前至后分为货物/设备舱、过渡段、尾梁和尾斜梁等。

对于单旋翼直升机，一般在机身中段上方安装旋翼，在尾梁后部或尾斜梁上安装尾桨和水平安定面，双旋翼直升机的旋翼则根据旋翼布置方式的不同安装在机身的相应位置。机身除承受各种装载的载荷外，还承受运动部件、武器发射和货物吊装等动载荷，这些载荷通过接头传给机身。旋翼、尾桨传给机身的交变载荷会引起机身结构振动，影响结构的疲劳寿命。因此，在设计机身结构时，必须采取措施降低直升机机身的振动水平。

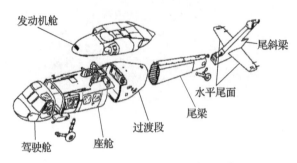

图 2-33　直升机机身结构（有人）

知识点 2　直升机的旋翼

直升机旋翼的主要功能是产生拉力，拉力的一部分用于平衡直升机的重力，起到升力作用；拉力的另一部分则为直升机的运动提供动力。直升机上可以有一个或两个旋翼。对于通常的双旋翼系统，旋翼的旋转方向是相反的以抵消彼此的扭矩，从而保持整体稳定，消除旋转的趋势。旋翼桨叶一般有 2~8 片，形状像细长机翼的桨叶连接在桨毂上。桨毂安装在旋翼轴上，旋翼轴方向一般为铅垂方向，通常由发动机带动旋转。旋转时，桨叶与周围空气相互作用，产生空气动力。典型直升机的受力图如图 2-34 所示。

直升机旋翼由旋翼轴、桨毂和桨叶构成，如图 2-35 所示。按桨叶与桨毂连接方式的不同，大体上可分为铰接式、无铰式、半无铰式和无轴承式等几种类型。

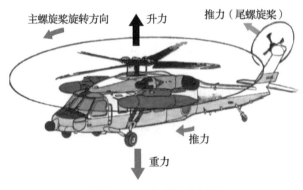

图 2-34　直升机受力图

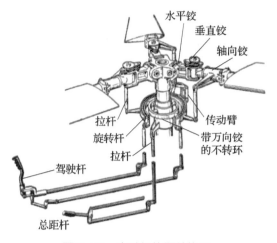

图 2-35　直升机旋翼结构图

（1）铰接式旋翼

铰接式旋翼是早期直升机中常见的一种结构形式，在一般情况下，桨叶除旋转运动外，还有绕挥舞铰的上下挥舞运动，绕摆振铰的前后摆动（摆振运动）及通过操纵变距铰的变距运动。因此桨毂有水平方向的摆振铰、垂直方向的挥舞铰和轴向的变距铰，如图 2-36 所示。桨叶绕桨毂的三个铰分别进行挥舞运动、摆振运动和变距运动。这种形式的旋翼桨叶根部的弯曲载荷较小，但结构复杂，维护不便。铰接式旋翼在摆振铰上都带有摆振阻尼器，为桨叶绕摆振铰的摆振运动提供阻尼，阻尼器可防止直升机出现"地面共振"现象，保证其有足够的稳定裕度。

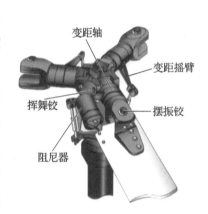

图 2-36　铰接式旋翼结构图

（2）无铰式旋翼

无铰式旋翼是指没有摆振铰和挥舞铰，桨叶与只有轴向铰的桨毂相连的旋翼，但仍有总距和变距铰，如图 2-37 所示。这种形式的旋翼，目前使用的有两种：一种是旋翼桨毂为挥舞半刚性的，桨叶的挥舞靠桨毂部件的弹性变形来实现；另一种是旋翼桨毂为挥舞刚性的，桨叶的挥舞靠桨叶根部的弯曲变形来实现。与铰接式旋翼相比，无铰式旋翼结构简单，但桨叶和桨毂的弯曲载荷较大。

（3）半无铰式旋翼

半无铰式旋翼（也称跷跷板式旋翼）的主要特点是只有两片桨叶，彼此连成整体，共用一个中心水平铰（跷跷板铰链），没有摆振铰，但仍有变距铰。图 2-38 所示为半

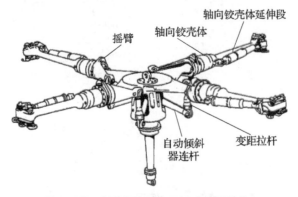

图 2-37　山猫直升机的无铰式旋翼结构

无铰式旋翼结构图。这种形式的旋翼结构也比较简单，但操纵性较差。

（4）无轴承式旋翼

无轴承式旋翼不仅没有挥舞铰和摆振铰，连变距铰也取消了，桨叶的挥舞、摆振和变距运动都通过桨叶根部的柔性元件来完成。这种旋翼形式结构简单，但要求桨叶根部的材料既有很高的弯曲强度和刚度，又有很低的扭转刚度。图 2-39 所示为无轴承式旋翼实体结构。随着先进复合材料在旋翼上的应用，无轴承式旋翼逐渐发展起来。

图 2-38　半无铰式旋翼结构图

图 2-39　无轴承式旋翼结构

知识点 3　无人直升机尾桨

（1）尾桨的作用

1）尾桨产生的拉力（或推力）通过力臂形成偏转力矩，用于平衡旋翼的反作用力矩。

2）尾桨相当于一个直升机的垂直安定面，不仅可以改善直升机的方向稳定性，还可以通过加大或减小尾桨的拉力（推力）来实现直升机的航向操纵。

尾桨的构造与旋翼相似，不过比旋翼要简单得多，尾桨操纵没有自动倾斜器，也不存在周期变距问题，其操纵只需要改变尾桨的总距，并根据操纵方向和动作量大小来增大或减小桨距。尾桨和旋翼的动力均来源于发动机，发动机产生的功率通过传动系统，按需要传给旋翼和尾桨，如图 2-40 所示。由于尾桨转速很高，工作时会产生很大的离心力。

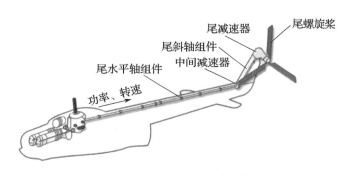

图 2-40　直升机尾桨的动力传递结构示意图

（2）尾桨的类型

尾桨通常包括常规尾桨、涵道尾桨和无尾桨系统三种类型。

1）常规尾桨。这种尾桨的构造与旋翼类似，由桨叶和桨毂组成。

2）涵道尾桨。这种尾桨由置于尾斜梁中的涵道和位于涵道中央的转子组成，其特点是尾桨直径小、叶片数目多。图 2-41 所示为涵道尾桨的实体结构。

3）无尾桨系统。无尾桨系统用一个空气系统代替常规尾桨，该系统由进气口、喷气口、压力风扇、带缝尾梁等几部分组成，如图 2-42 所示。压力风扇位于主减速器后面，由尾传动轴带动，风扇叶片的角度可调，与油门总距杆联动。尾梁后部有一个可转动的排气罩与脚蹬联动。工作时风扇使空气增压并沿空心的尾梁向后流动。飞行过程中，一部分压缩空气从尾梁侧面的两道细长缝中排出，和旋翼下洗气流一起形成不对称气流，使尾梁一侧产生吸力，相当于在直升机尾部产生了一个侧向推力来平衡旋翼的反作用力

图 2-41　涵道尾桨结构

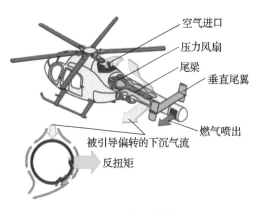

图 2-42　无尾桨系统结构原理图

矩（反扭矩）。另一部分压缩空气由尾部的喷口喷出，产生侧向力，实现直升机的航向操纵，喷气口面积可由排气罩的转动控制。

知识点 4　无人直升机的起落架

直升机起落装置的主要作用是吸收着陆时的冲击能量，减小着陆时撞击引起的过载，保证在整个使用过程中不发生"地面共振"。此外，起落装置还使直升机具有在地面运动的能力，减少滑行时由于地面不平而产生的撞击与颠簸。

在陆地上使用的直升机起落装置有轮式起落架和滑橇式起落架，如图 2-43 所示。如果要求直升机具备在水面起降或应急着水迫降能力，还要有水密封机身和保证横侧稳定性的浮筒或应急迫降浮筒。对于舰载直升机，还需要装备特殊着舰装置。

图 2-43　带滑橇式起落架的无人直升机

学习任务 4　垂直起降固定翼无人机

垂直起降固定翼无人机是指同时融合了多旋翼垂直起降和固定翼巡航飞行的一种新型无人机（图 2-44）。由于这种无人机可以减少飞行器对跑道的依赖，能够执行多样化的飞行任务，减少综合使用成本，因此垂直起降固定翼无人机关注度越来越高。由于垂直起降固定翼无人机的结构综合了

图 2-44　垂直起降固定翼无人机

四旋翼与固定翼两者的结构，因此本书不再对其结构进行另外描述。

知识目标

● 了解复合翼（垂直起降固定翼）无人机的优势及分类情况。

素养目标

● 培养学生的自主创新意识与能力。

? 引导问题

垂直起降固定翼无人机看起来多了好多东西，你是否知道它相对于多旋翼或者固定翼无人机具有哪些优势呢？

知识点 1 　垂直起降固定翼无人机的优势

复合四旋翼固定翼飞行器具有比直升机和多旋翼飞行器更长的续航时间，而起降飞行场地比固定翼飞机小很多。它使得固定翼飞机能够在极小的场地使用，这是其他方式都不能实现的。垂直起降固定翼飞行器相对于其他无人机系统具有明显的优势，主要包括：起降场地要求低，不需要跑道，无进场障碍物问题，不需要发射回收系统；机动灵活、使用性好，系统简单，附加设备少，运输和使用维护方便，操作人员少；成本费用较低。

与直升机相比，垂直起降固定翼飞行器廉价、高可靠，并且续航时间长；与多旋翼飞行器相比，垂直起降固定翼飞行器续航时间长，抗风性能好，飞行速度高，任务覆盖面积大；与常规固定翼飞机相比，垂直起降固定翼飞行器不需要跑道，使用范围更广，而使用费用低；与倾转旋翼飞行器相比，垂直起降固定翼飞行器在动力系统的设计上更为简单，且具有更好的结构可靠性。

知识点 2 　垂直起降固定翼无人机的分类

1. 倾转旋翼无人机

倾转旋翼机具有明显的机翼（气动升力面），一般将机翼与机身固连，机身可以水平停放；通过转动安装在机翼或机身上的旋翼系统，实现推力输出在铅垂方向和水平方向之间转换，从而实现垂直起降或水平飞行，如图2-45所示。其四个旋翼可以在起降时作为四旋翼形态用于提供升力，也可以在空中往飞行方向倾转，将螺旋桨的升力变为向前的拉力，以固定翼的形式由机翼提供升力。因此，它既具有常规直升机垂直起降和空中悬停能力，又具有固定翼飞机的高速巡航飞行能力，其飞行速度、高度和经济效益都大大超过了现代直升机。但是它存在螺旋桨固定翼模式效率较低、死重较大等问题。

图2-45　倾转旋翼无人机

2. 动力复合式垂直起降无人机

动力复合式无人机采用了垂直起降和水平飞行

推进系统分离的方案，在机身外部四周安装了四套电机螺旋桨推进系统作为垂直起降动力，机身头部或者尾部安装了另一套电机螺旋桨推进系统作为平飞续航动力，如图2-46所示。

a）复合式垂直起降无人机－拉力式　　　b）复合式垂直起降无人机－推力式

图2-46　复合式垂直起降无人机

动力复合式无人机是最近几年发展较快的一种新型无人机。实践证明其技术可实现性好，远优于尾坐式、倾转旋翼、涵道升力风扇（含倾转涵道风扇）等其他垂直起降技术。动力复合式无人机虽然发展较晚，但发展迅速，且相关技术正在趋近成熟。作为一种新型高效低成本垂直起降飞行器，动力复合式无人机有着一定的性能优势，能够满足用户的各种需求，预期市场需求巨大，未来发展前景广阔。但该方案同样具有死重较大和平飞气动性能较差的问题。

3. 复合倾转式垂直起降无人机

复合倾转式无人机一般在机身或者机翼上安装有多个升力旋翼，为垂直起降提供铅垂方向的推力，而在水平飞行阶段将部分升力旋翼进行倾转用以克服平飞状态时的机身阻力，而其余升力旋翼则在水平飞行阶段保持原状并关闭动力。由此给它带来了不必要的废重，且其升力旋翼的桨径也受到机身尺寸的限制。

图2-47所示为复合倾转式无人机，其在垂直起降阶段的升力由三个螺旋桨提供；而在机身尾部的螺旋桨在水平飞行阶段时并不工作，因此，提供这部分升力的动力及驱动系统必然会在水平飞行阶段变成一大块死重。在垂直起降阶段，机头两侧的旋翼产生铅垂向上的升力，用于保证无人机的垂直起降和空中悬停；在水平飞行阶段，机头两侧的旋翼向前倾转90°产生向前的拉力，用于克服无人机在水平飞行状态的阻力。

图2-47　复合倾转式无人机

03

模块三

无人机的动力系统

无人机动力系统是指发动机以及保证发动机正常工作所必需的系统和附件的总和，称为动力装置系统。无人机的动力系统对于无人机来说至关重要，是无人机能够飞上天空的动力和能量来源。无人机的动力系统将化学能或者电能转换为飞机的动能或者势能，才能够使得无人机在天空翱翔。它是无人机最重要的关键系统之一，其性能品质的优劣直接影响着无人机的飞行安全。本模块主要从无人机动力系统的基本概念出发，通过对无人机发动机的分类和品质要求，让读者对无人机对动力系统的需求，有一定的初步了解。然后再介绍燃油发动机和电机两种发动机类型，分别仔细讲解这两类动力系统的组成以及效用。

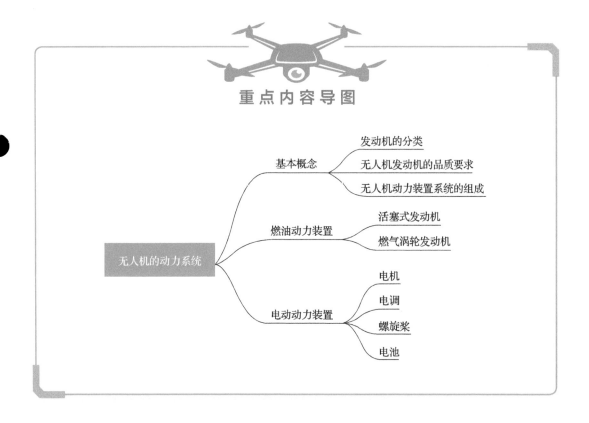

重 点 内 容 导 图

- 无人机的动力系统
  - 基本概念
    - 发动机的分类
    - 无人机发动机的品质要求
    - 无人机动力装置系统的组成
  - 燃油动力装置
    - 活塞式发动机
    - 燃气涡轮发动机
  - 电动动力装置
    - 电机
    - 电调
    - 螺旋桨
    - 电池

学习任务 1　动力系统的基本概念

无人机动力系统的核心设备是发动机，无人机发动机是能够把其他形式的能转化为机械能，进而产生拉力或推力的机器，是无人机动力装置的核心，被视为无人机的心脏。发动机性能的优劣对无人机的各种使用性能具有重要影响，有了适用的发动机，才能实现真正的有动力、可控制的飞行。在无人机设计研制过程中，首先会遇到选用哪种发动机能够最有效地满足其技术要求的问题，要对发动机的性能和特点有深入的了解，才能正确选择发动机，并达到与无人机飞行性能的最佳匹配。

知识目标

● 了解无人机发动机的分类和功能作用。

素养目标

● 培养学生的自主创新能力。

？ 引导问题

1）我们知道机器都要有动力，那么无人机的动力系统对于无人机来说，起了什么作用呢？

2）不同的机器会有不同的动力系统，比如汽车有汽车发动机，拖拉机有拖拉机的发动机，那么无人机的发动机，跟这些发动机有什么区别吗？无人机对发动机的品质有哪些要求呢？

▶ 知识点 1　无人机发动机的分类

对于无人机这类航空飞行器来说，由于其结构大小、飞行空域、速度、高度和用途等的巨大差异，相对应的发动机种类也较多。概括来说，无人机使用的发动机有三种类型：燃油类发动机、电机以及油电混合动力系统。目前主流的民用无人机的动力系统通常采用燃油类发动机为动力的油动系统、以电池为能源的电动系统两种，油电混合系统更多应用于汽车中，在无人机领域较少应用。

根据无人机所采用发动机的类型，可分为电动无人机和油动无人机两大类。

（1）电动无人机

电动无人机以电机作为动力来源，采用直流电机作为驱动螺旋桨旋转的发动机，发动机类型大多为无刷直流电机，也有部分使用有刷直流电机，所有电机运转所需的能量由聚合物锂电池或新能源方式（如燃料电池）提供，如图3-1所示。

电动无人机具有结构简单、质量小、故障率低、维护简便、无空气污染等优点，其缺点是载重小、续航时间短、电池消耗大等。

（2）油动无人机

油动无人机以燃油发动机（航空发动机）作为动力来源，主要有活塞式发动机、燃气涡轮式发动机两大类型。燃气涡轮式发动机又可分为涡轮喷气式发动机、涡轮风扇发动机、涡轮螺旋桨发动机和涡轮轴发动机四种类型。

油动无人机的优点是载重能力强，载重量可达成百上千千克，甚至几十吨，比较适合于中型、大型或重型无人机；其续航时间也基本上不受限制，主要取决于机上携带的油量，一般可达十几个小时或更长时间。图3-2所示为油动植保无人直升机。

图3-1　"全球鹰"电动植保无人机

图3-2　油动植保无人直升机

知识点2　无人机发动机的品质要求

无人机发动机的基本功用是为无人机提供持续的动力，以确保重于空气的无人机能够稳定、可控、持续地在空中飞行。评定发动机品质的主要指标有性能参数、可靠性、耐久性等，具体有以下几点基本要求。

（1）功率质量比大

构成无人机的任何部件，都应在满足使用要求的前提下尽量减轻其质量。对于发动机，就是要保证足够大的功率而质量又很轻。通常以发动机的功率与质量之比来衡量发动机的轻重，比值越大，表明发动机产生同样的功率所负担的发动机自身质量越小，发动机就越轻。

（2）耗能小

无人机的发动机是否省电或省油是其重要的经济指标。评定发动机的经济性，常用"耗电（油）率"作标准。耗电（油）率是指单位功率（1hp）在1h内所耗电量或油料的多少。在一定的飞行条件下，发动机耗能率越低，运行成本越低，经济性就越好。

（3）体积小

无人机发动机应在保证功率不减小的前提下，力求体积较小，以减小飞行中的空气阻力，并减轻发动机质量。

（4）工作安全可靠

无人机在空中的飞行安全，是由其各组成部分可靠的工作来保证的。要维持正常飞行，发动机就必须始终处于可靠状态。描述发动机可靠性的参数是：空中停车率（发动机空中停车数/1000飞行小时）。

（5）寿命长

无人机的寿命长，可降低使用成本，节约原材料。发动机寿命分为翻修寿命和总寿命。翻修寿命是指发动机制造厂商规定的从发动机出厂到一次翻修或者两次翻修之间的使用期限；总寿命是指发动机经过若干次翻修后停止使用时的使用期限。在实际使用中发动机的使用寿命与发动机是否正确使用密切相关。

（6）维护方便

日常维护方便可提高维护质量，确保发动机随时处于安全可靠状态。在无人机实际飞行中，发动机维护性的好坏直接影响到无人机的正常飞行及维护成本。要使发动机便于维护，降低维护成本，对发动机的设计、制造都应有相应要求，如发动机安装位置、零部件的通用性及可更换性、零部件的快速拆卸及安装等。

知识点3　无人机动力装置系统的组成

无人机动力装置的组成取决于所用发动机的类型，可由下面的全部或者部分系统组成。

1. 直流电机及其附件和系统

无人机提供动力的电机类型主要有无刷直流电机（图3-3）和空心杯有刷直流电机（图3-4）两种。

图 3-3　无刷直流电机　　　　图 3-4　空心杯有刷直流电机

（1）无刷直流电机系统

无人机采用无刷直流电机作为发动机，其动力装置由以下四部分构成：

1）无刷直流电机。无刷直流电机属于外转子电机，没有电刷。

2）电调。电调全称为电子调速器（ESC），主要作用是控制电机的转速。

3）电池。电池用来给电机供电，无人机常用的电池有聚合物锂电池、燃料电池等。

4）平衡充电器。由于无人机电池的电流极大，其专用电池必须要用平衡充电器进行充电。

（2）空心杯有刷直流电机系统

微型无人机采用空心杯电机，使电机的运转特性得到了极大改善（伺服微特电机），彻底消除了由于铁心形成涡流而造成的电能损耗，使电机的运转特性得到了极大改善。其动力装置包括以下四部分：

1）空心杯有刷直流电机系统。空心杯有刷直流电机转子电机的转子无铁心。

2）MOS 管。MOS 管用作驱动电路。

3）电池。锂电池用来给电机充电。

4）平衡充电器。专用电池必须要用平衡充电器充电。

2. 燃油发动机及其工作系统和附件

为无人机提供动力的燃油发动机主要有航空活塞发动机和涡轮发动机两大类，其组成可由下面的全部或部分系统组成。

（1）航空发动机

航空发动机的功用是将燃油的化学能转换为机械能。

（2）启动点火系统

燃油发动机的结构和循坏过程的特点，决定了它不能像电机那样自主点火启动，必须在发动机点火燃烧前先由其他能源来带动发动机旋转。常用的启动动力源有电机和压缩空气两大类，对于小功率燃油发动机，带动发动机达到一定转速所需的功率小，可采用启动电机来带动发动机旋转。但是随着大推力发动机的出现，电机已无法提供如此大的能量来带动大功率发动机，无法使其达到点火燃烧时的转速。因此，对于大功率燃油发动机，需要更大的能源来带动发动机，即采用压缩空气，利用气源代替电源启动发动机。

（3）发动机固定装置

发动机固定装置是用于将发动机固定在无人机机体上的部件系统，它是无人机的受力结构之一。它除了支撑庞大的发动机结构外，还要承担无人机的动力传输，故其疲劳强度问题是该部件的设计关键。

（4）燃油系统

燃油系统用于存储并向航空发动机的油泵供给燃油，保证发动机正常工作。

（5）润滑系统

润滑系统由带过滤装置的润滑油箱、导管和空气润滑油散热器组成。其功用是向发动机供给需用的润滑油，并进行过滤和散热，保证一定量的润滑油循环使用。

（6）发动机散热装置

无人机发动机散热方式有风冷式和液冷式两种，现今基本都采用风冷。

（7）防火和灭火装置

无人机的防火和灭火装置包括防火墙、预警和灭火系统。防火墙实质上是设置在发动机舱周围的防火隔板；预警系统向驾驶员指示发生火情的部位，以便及时妥善处置；灭火系统能自动扑灭火情于萌芽状态，保证飞行安全。

（8）进气和排气装置

发动机的进气和排气装置包括进气道、排气管和喷口。

（9）附件传动装置

燃油发动机附件传动装置是指将发动机转子的功率、转速传输到附件，并驱动附件以一定的转速和转向工作的齿轮轮系及传动轴的组合体。

学习任务 2　燃油动力装置

知识目标

- 了解活塞式发动机的工作原理及性能特性。
- 了解燃气涡轮发动机的工作原理及性能特性。

素养目标

- 培养学生的爱国主义思想以及职业道德观念。

？引导问题

1）我们都看过二战时期那种螺旋桨飞机，你们知道它们用的是什么发动机吗？你们知道这种发动机的原理吗？

2）大家对活塞式发动机可能还是比较了解的，因为汽车也是用活塞式发动机，但是大家对喷气式发动机有哪些了解呢？大家对燃气涡轮喷气式发动机的原理知道多少呢？

知识点 1　活塞式发动机

1. 活塞式发动机的分类

活塞式发动机是把燃料在发动机气缸内部进行燃烧，将燃料的化学能转变成热能，然后热能推动气缸内的活塞做功，转变成机械能的机器。常见的活塞式发动机根据燃料的点火方式可以分为点燃式发动机和压燃式发动机两种，

大部分的汽油发动机都是点燃式发动机，如图 3-5 所示；而大部分的柴油发动机都是压燃式发动机，如图 3-6 所示。随着其他燃料的广泛应用和发动机技术的进步，点燃式发动机不只局限于汽油机，其他燃料的发动机也有用点燃方式的；压燃式发动机也不只局限于柴油机，其他燃料的发动机也有用压燃方式的。而且同一种燃料既可以用点燃方式燃烧也可以用压燃方式燃烧，如压缩天然气发动机。区分点燃式还是压燃式发动机，要看引起燃烧的点火方式。

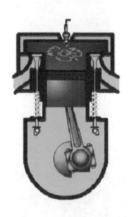

图 3-5　点燃式发动机　　　　图 3-6　压燃式发动机

　　根据活塞式发动机工作原理的不同，活塞式发动机可分为二冲程发动机和四冲程发动机两种类型。前一种只是在过去的少数飞机上采用过，目前使用的航空活塞式发动机都是四冲程发动机。由于长期发展的结果，航空活塞式发动机的种类繁多，形式千差万别。但因航空业的不断进步，有的类型已经被逐渐淘汰，所以对航空活塞式发动机的分类，仅限于对目前仍广泛采用的类型做简单的划分。

　　1）按混合气形成的方式划分：活塞式发动机可分为汽化器式发动机和直接喷射式发动机。汽化器式发动机装有汽化器，燃料和空气预先在汽化器内混合好，然后再进入发动机气缸内燃烧；直接喷射式发动机装有直接喷射装置，燃料由直接喷射装置直接喷入气缸，然后同空气在气缸内混合形成混合气。

　　2）按发动机冷却方式划分：活塞式发动机可分为风冷式发动机（图 3-7）和液冷式发动机（图 3-8）。风冷式发动机直接利用迎面气流冷却气缸，一般从外形看，气缸暴露并设计有散热片的，就是风冷式发动机；液冷式发动机则利用循环流动的冷却液冷却气缸，由冷却液把吸收的热量耗散到周围的大气中。

图 3-7　风冷式发动机　　　　　　图 3-8　液冷式发动机

3）按照气缸的排列形式划分：航空活塞式发动机可分为直列式、星形。直列式发动机的气缸呈列队式前后排列，目前最常见的为水平对置型，如图3-9所示，气缸在机匣的左右两侧各排成一行。星形发动机的气缸排列呈辐射状，又可分为单排星形和双排星形两种。目前由于航空喷气发动机的发展，双排星形活塞发动机在航空上的应用已减少，应用较广泛的主要是图3-10所示的单排星形活塞发动机。

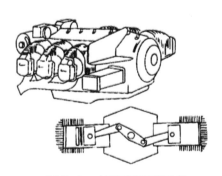  

图3-9　水平对置型发动机　　　　　　　图3-10　星形发动机

4）按空气进入气缸前是否增压划分：活塞发动机可分为吸气式发动机（图3-11）和增压式发动机（图3-12）。吸气式发动机工作时，外界空气被直接吸入气缸，一般吸气式发动机用在飞行高度较低的飞机上。增压式发动机装有增压器，外界空气先经过增压器提高压力，然后进入气缸，多用在飞行高度较高的飞机上。

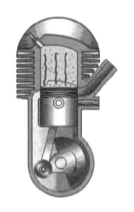 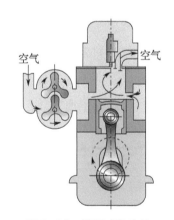

图3-11　吸气式发动机　　　　　图3-12　增压式发动机

2. 航空活塞式发动机的构造

装有航空活塞式发动机的无人机，它向前飞行的拉力是由发动机带动的螺旋桨产生的。航空活塞式发动机的形式千差万别，构造繁简不一，但是它们的基本组成部分和基本工作原理都大体相同。航空活塞式发动机由下列主要机件和一些附件工作系统组成。

（1）主要机件

航空活塞式发动机的主要机件包括气缸、活塞、连杆、曲轴、气门机构和机匣。这些机件的相互位置关系如图 3-13 所示。气缸呈圆筒形，固定在机匣上；活塞装在气缸里面，并通过连杆和曲轴相连，曲轴由机匣支承。曲轴与螺旋桨轴相连，有的发动机曲轴的轴头本身就是螺旋桨轴。气门机构是由进气门、排气门以及凸轮盘（或凸轮轴）、挺杆、推杆、摇臂等传动机件组成的，这些机件分别安装在气缸和机匣上。气缸是混合气进行燃烧并

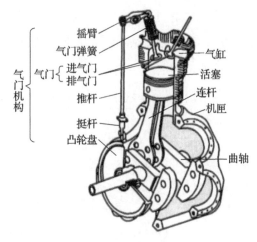

图 3-13　航空活塞式发动机的主要机件

将燃料燃烧释放出来的热能转换为机械能的地方。活塞在气缸内作往复运动，燃气的压力作用在活塞的顶面上，活塞就被推动而做功。燃气所做的功，最终用来带动螺旋桨旋转，产生拉力，使飞机前进，但活塞在气缸内只能作直线运动，因此，必须把活塞的直线运动转变为螺旋桨的旋转运动，这个任务即由连杆和曲轴来完成。如前所述，连杆的一端连接活塞，另一端与曲轴的曲颈相连。当活塞承受燃气的压力作直线运动时，经过连杆的传动，就能推动曲轴旋转，从而带动螺旋桨旋转。活塞、连杆和曲轴这三个在运动中密切关联的机件，通常又合称为曲拐机构。发动机运转时，气缸内不断进行着气体的新陈代谢，气门机构的作用就是控制气门的开启和关闭，以保证新鲜混合气（或空气）在适当的时机进入气缸，保证燃烧做功后的废气适时地从气缸排出。机匣是发动机的壳体，它除了用来安装气缸和支承曲轴外，还将发动机的所有机件连接起来，构成一台完整的发动机。

大功率航空活塞式发动机，在螺旋桨轴和曲轴之间一般都装有减速器，使螺旋桨轴的转速低于曲轴的转速。

（2）附件工作系统

航空活塞式发动机不但要具备上面所述的主要机件，而且还必须有许多附件相配合，才能够进行工作。发动机的附件分属于几个工作系统，每个工作系统担负发动机工作中一个方面的任务。航空活塞式发动机一般都具有燃油、点火、润滑、冷却和启动等工作系统。

1）燃油系统。燃油系统的功用是不断地供给发动机适当数量的燃油，并将燃油雾化，

同空气均匀混合形成可燃混合气。燃油系统的形式有汽化器式和直接喷射式两种。

2）点火系统。点火系统的功用是在适当的时刻产生电火花，点燃气缸内的混合气。电火花是由装在气缸上的火花塞在高压电的作用下产生的，产生高压电的附件叫磁电机。

3）润滑系统。润滑系统的功用是不断地将润滑油送到各机件的摩擦面进行润滑，以减小摩擦阻力，减轻机件的磨损。润滑油是在润滑油泵的作用下，在润滑系统内部循环流动的。

4）冷却系统。冷却系统的功用是把气缸的一部分热量散发到大气中去，保证气缸的温度正常。冷却系统的形式有风冷式和液冷式两种，目前在航空上多采用风冷式冷却系统。

5）启动系统。启动系统的功用是发动机启动时将曲轴转动起来，使发动机从静止状态转入正常工作。启动发动机的动力有气动力和电动力两种。

3. 航空活塞式发动机的基本工作原理

航空活塞式发动机将热能转变为机械能，是由活塞运动的几个行程来完成的。活塞运动四个行程完成一个工作循环的发动机，叫四冲程发动机；活塞运动两个行程完成一个工作循环的发动机，叫二冲程发动机。现代航空活塞式发动机都属于四冲程发动机，本节只讨论四冲程发动机的工作循环。

（1）基本名词

发动机工作时，活塞在气缸内作往复直线运动，通过连杆连接，使曲轴作旋转运动。为了描述活塞的运动，下面参照图 3-14 介绍活塞发动机工作的常用名词。

1）上止点：活塞顶距曲轴旋转中心的最远距离的位置，图 3-14 所示的位置。

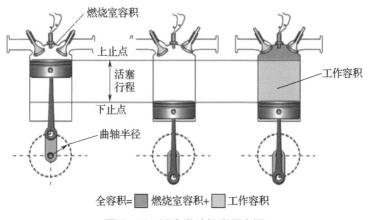

图 3-14 活塞发动机常用名词

2）下止点：活塞顶距曲轴旋转中心的最近距离的位置，图3-14所示的位置。

3）曲轴转角：曲臂中心线与气缸中心线的夹角。

4）活塞行程L：上止点与下止点间的距离。

5）曲臂半径R：曲轴旋转中心与曲颈中心的距离。由图3-14可见，它与活塞行程的关系为

$$L=2R \tag{3-1}$$

6）燃烧室容积$V_燃$：活塞在上止点时，活塞顶与气缸头之间形成的容积。

7）气缸工作容积$V_工$：上止点与下止点之间的气缸容积。若气缸直径为D，则

$$V_工 = \frac{\pi}{4}D^2 L \tag{3-2}$$

8）气缸全容积$V_全$：活塞在下止点时，活塞顶与气缸头之间形成的容积。显然，气缸全容积也等于燃烧室容积与气缸工作容积之和，即

$$V_全 = V_工 + V_燃 \tag{3-3}$$

9）压缩比ε：气缸全容积$V_全$与燃烧室容积$V_燃$的比值，即

$$\varepsilon = \frac{V_全}{V_燃} \tag{3-4}$$

（2）四冲程发动机的基本工作原理

四冲程活塞发动机，每完成一个循环，活塞在上止点与下止点之间往返两次，连续地移动了四个行程，它们分别叫做进气行程、压缩行程、膨胀行程（又称做功行程）和排气行程。图3-15所示为发动机四个行程的工作图，下面分别加以说明。

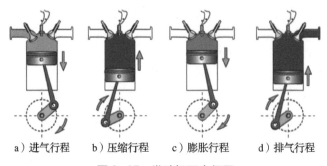

a）进气行程　　b）压缩行程　　c）膨胀行程　　d）排气行程

图3-15　发动机四个行程

1）进气行程。进气行程的作用是使气缸内充满新鲜混合气。进气行程开始时，活塞位于上止点，进气门打开，排气门关闭。活塞在曲轴的带动下，由上止点向下止点运动，气缸容积不断增大，新鲜混合气被吸入气缸，如图3-15a所示。曲轴转动半圈（180°），

活塞到达下止点，进气门关闭，进气行程结束。

2）压缩行程。压缩行程的作用是对气缸内的新鲜混合气进行压缩，为混合气燃烧后膨胀做功创造条件。压缩行程开始时，活塞位于下止点，进、排气门关闭。活塞在曲轴的带动下，由下止点向上止点运动，气缸容积不断缩小，混合气受到压缩，如图3-15b所示，气体的温度和压力不断升高。当曲轴旋转半圈，活塞到达上止点时，压缩行程结束。在理论上当压缩行程结束的一瞬间，电火花将混合气点燃并完全燃烧，放出热能，气体的压力和温度急剧升高。

3）膨胀行程。膨胀行程的作用是使燃料的热能转换为机械能。膨胀行程开始时，活塞位于上止点，进、排气门关闭。燃烧后的高温高压燃气猛烈膨胀，推动活塞，使活塞从上止点向下止点运动，如图3-15c所示。这样，燃气对活塞便做了功。在膨胀行程中，气缸容积不断增大，燃气的压力、温度不断降低，热能不断地转换为机械能。当活塞到达下止点时，曲轴旋转了半圈，膨胀行程结束，燃气也变成了废气。

4）排气行程。排气行程的作用是将废气排出气缸，以便再次充入新鲜混合气。排气行程开始时，活塞位于下止点，排气门打开，进气门仍关闭。活塞被曲轴带动，由下止点向上止点运动，废气被排出气缸，如图3-15d所示。当曲轴转了半圈，活塞到达上止点时，排气行程结束，排气门关闭。

排气行程结束后，又重复进行进气行程、压缩行程、膨胀行程和排气行程，航空活塞发动机就是这样周而复始的往复运动的。从进气行程开始到排气行程结束，活塞运动了四个行程，完成了一个工作循环。一个循环结束后又接着下一个循环，热能不断地转变为机械能，发动机连续不断地工作。因此，活塞发动机每完成一个工作循环，曲轴转动两圈（$4 \times 180° = 720°$），进、排气门各开关一次，点火一次，气体膨胀做功一次。

活塞在四个行程中，只有膨胀行程获得机械功，其余三个行程都要消耗一部分功，消耗的这部分功比膨胀得到的功小得多。因此从获得的功中扣除消耗的那部分功，所剩下的功仍然很大，用于带动附件和螺旋桨转动。

4. 航空活塞式发动机的特性

发动机的有效功率和燃油消耗率是发动机的两个重要的性能指标。发动机在实际工作中，由于工作条件的变化（如转速变化、进气压力变化和高度变化等），发动机的有效功率和燃油消耗率也随之发生变化，根据实验和理论证明，此变化是有一定规律的。航空活塞式发动机的有效功率和燃油消耗率随发动机转速、进气压力或飞行高度的变化规律，这被称为发动机特性，反映这种规律的图形是特性曲线。航空活塞发动机的特性主要有负荷特性、螺旋桨特性、高度特性和增压特性。

（1）负荷特性

1）吸气式发动机的负荷特性。当节气门全开时，发动机的有效功率和有效燃油消耗率随发动机转速的变化规律叫做吸气式发动机的负荷特性。负荷特性是通过试验获得的，通过试验得到的吸气式发动机的负荷特性如图3-16所示。

由图3-16中可以看出，当转速由较小转速增大时，有效功率增大，而后随着转速的增大而减小。燃油消耗率随转速的增大一直是增大的。

2）增压式发动机的负荷特性。当进气压力保持为最大时，发动机的有效功率和有效燃油消耗率随发动机转速的变化规律叫做增压式发动机的负荷特性。增压式发动机的负荷特性也是在地面通过试验获得的，因为增压式发动机主要是用于高空飞行的，所以有时还要按空中的条件进行试验。通过试验得到的增压式发动机的负荷特性如图3-17所示。

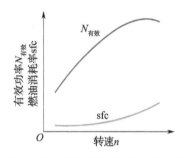

图3-16　吸气式发动机的负荷特性

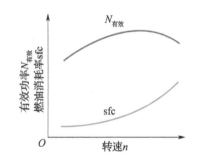

图3-17　增压式发动机的负荷特性

（2）螺旋桨特性

当发动机带动定距螺旋桨工作时（如果安装变距螺旋桨时，桨叶角应保持不变），发动机的有效功率和有效燃油消耗率随发动机转速的变化规律，叫做发动机的螺旋桨特性，也叫油门特性。

1）吸气式发动机的螺旋桨特性。通过试验得到的吸气式发动机的螺旋桨特性如图3-18所示，由图中可以看出，有效功率随转速的增大而增大，燃油消耗率随转速的增大先减小后增大。

2）增压式发动机的螺旋桨特性。增压式发动机的螺旋桨特性与吸气式发动机的螺旋桨特性基本相同，如图3-19所示。转速增大时，有效功率与转速的三次方成正比地增大，燃油消耗率随着转速的增大，也是先减小再增大。

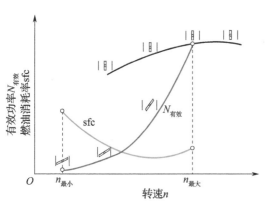

图 3-18　吸气式发动机的螺旋桨特性　　　　图 3-19　增压式发动机的螺旋桨特性

由以上可知，发动机在巡航状态工作时经济性最好。对于装有变距螺旋桨的发动机，为了发出同样大小的有效功率，可以用不同的工作状态来工作，其中只有一个工作状态发动机的经济性最好，这个工作状态叫做有利工作状态。

3）发动机的几个工作状态。为了合理地使用发动机，在螺旋桨特性曲线上，规定了下面几种主要的工作状态：

① 起飞工作状态。起飞时，为了最大限度地缩短起飞滑跑距离，发动机所采用的工作状态叫做起飞工作状态。发动机在起飞工作状态所输出的功率和所使用的转速分别称为起飞功率和起飞转速。吸气式发动机的起飞功率是在节气门全开的情况下获得的，所以，起飞功率就是最大功率，起飞转速就是最大转速。起飞工作状态时，由于功率最大，转速最大，故发动机的温度最高，机件承受的力最大，所以发动机在起飞状态下连续工作时间一般不得超过 5min。

② 额定工作状态。额定工作状态是在设计时所规定的发动机的基准工作状态。发动机在额定状态工作时，所输出的功率和所使用的转速分别称为额定功率和额定转速。额定转速是设计发动机进行热力计算时所依据的转速；而额定功率是在额定转速和节气门稍微关小的情况下发动机所输出的功率，它比节气门全开时发动机所输出的功率小5%~15%。

③ 巡航工作状态。飞机作巡航飞行时，发动机所使用的工作状态叫做巡航工作状态。在这种状态下，发动机所输出的功率和所使用的转速分别称为巡航功率和巡航转速。巡航功率一般为额定功率的 50%~75%。

④ 慢车工作状态。慢车工作状态是发动机保持稳定工作的最小转速工作状态，此状态下发动机发出的功率最小，燃油消耗率最低，可以长时间地工作。

（3）高度特性

在发动机转速保持不变的情况下，发动机的有效功率和有效燃油消耗率随飞行高度的变化规律叫做发动机的高度特性。

1）吸气式发动机的高度特性。吸气式发动机的高度特性是在节气门全开、混合气的余气系数保持不变、点火提前角保持在最有利数值的条件下获得的装有变距螺旋桨的吸气式发动机，当高度变化时可利用螺旋桨变距来保持转速不变。其高度特性如图 3-20 所示，由图可知，高度升高时有效功率不断减小，燃油消耗率则不断增大。

装有定距螺旋桨的吸气式发动机的高度升高时，由于桨叶角不能改变，转速会减小，发动机有效功率与转速不变时相比，降低得更快。图 3-21 所示实线为带定距螺旋桨的吸气式发动机的有效功率和燃油消耗率随高度变化的情形，为便于比较起见，同一图上还用虚线绘出了在转速保持不变的条件下的高度特性曲线。

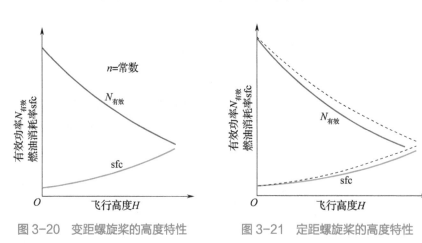

图 3-20　变距螺旋桨的高度特性　　　　图 3-21　定距螺旋桨的高度特性

从以上对吸气式发动机高度特性的分析可以看出，吸气式发动机在高度升高时，不仅有效功率迅速减小，而且经济性也变差，因此这种发动机不适用于高空飞行。

2）增压式发动机的高度特性。单速传动增压式发动机的高度特性曲线如图 3-22 所示，图上有效功率与有效燃油消耗率曲线分别表示有效功率和燃油消耗率随高度变化的情况。从图上可以看出，在额定高度以下，随着高度的升高，有效功率一直增大，燃油消耗率则不断减小；在额定高度以上，随着高度的升高，有效功率一直减小，燃油消耗率则不断增大。为了便于说明这种关系，在同一图上还绘出了进气压力与进气温度随高度变化的曲线。

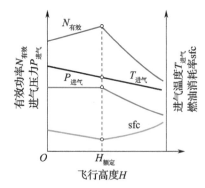

图 3-22　单速传动增压式发动机的
高度特性曲线

带废气涡轮的增压式发动机，从地面到额定高度范围，借关小节气门来保持进气压力不变。超过额定高度以后，废气涡轮增压器的转速保持不变，进气压力即随高度的升高而减小。这种发动机的高度特性曲线如图 3-23 所示。废气涡轮增压式发动机的主要优点是它的额定高度较高。目前，同时采用废气涡轮增压器的发动机，额定高度可达10000~14000m，而采用二速传动式增压器的发动

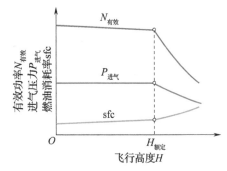

图 3-23　废气涡轮增压式发动机的高度特性

机，其额定高度不超过 6000~7000m。但是废气涡轮增压式发动机的构造复杂、质量较大，因此在飞行高度不高的飞机上不宜采用，只有在飞高空的飞机上，为了在较高的高度上仍能获得大的有效功率，才适于使用这种发动机。

3）飞行速度对高度特性的影响。以上所研究的高度特性只考虑了周围大气对于发动机功率的影响，但在飞行时，由于飞机有前进速度，发动机的高度特性便有所改变。下面说明飞行速度对高度特性的影响。飞机飞行时，相对气流以与飞行速度相等的速度流过飞机，对于飞机而言，相对气流具有很大的动能，这部分动能可用来提高空气的压力，以增大发动机的功率。空气流入进气口以后，在通道内速度降低，压力提高，这种利用降低速度来提高的压力叫做冲压。飞行速度越大，所能获得的冲压也越大。

对于吸气式发动机，由于飞行时有了冲压，充填量增大，引起发动机的指示功率增大，而阻力功率基本没有改变，故与不计入冲压相比，有效功率增大，同时机械效率提高，燃油消耗率减小。图 3-24 中的虚线和实线分别表示计入冲压和不计入冲压时吸气式发动机的高度特性。

对于增压式发动机，由于有了冲压，增压叶轮进口处空气的压力提高了。为了使进气压力不超过额定值，就要相应地关小节气门。在没有计入冲压时所计算出的额定高度，节气门就不能全开，而要到更高一些的某一高度，节气门才能完全打开。也就是说，有冲压时，发动机的额定高度将会提高。飞行速度越大，额定高度提高得越多。

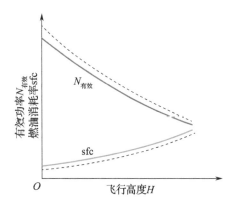

图 3-24　飞行速度对吸气式发动机高度特性的影响

（4）增压特性

增压式发动机在保持转速不变的条件下，有效功率和燃油消耗率随进气压力变化的规律叫做发动机的增压特性。图 3-25 所示为发动机的增压特性曲线，从图上可以看出，当转速保持不变时，有效功率随着进气压力的增大而一直增大，燃油消耗率则随着进气压力的增大先减小后增大。

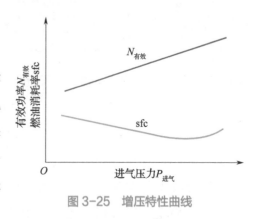

图 3-25　增压特性曲线

知识点2　燃气涡轮发动机

1. 燃气涡轮发动机的组成及基本工作原理

燃气涡轮发动机是一种产生推力的动力装置。组成燃气涡轮发动机的各部件，以及保证它工作的各系统，都是直接或间接地为了产生推力而设置的。下面以单轴涡轮喷气发动机为例，介绍其主要部件、工作系统及一般工作情形。

（1）主要部件

发动机的主要部件有进气道、压气机、燃烧室、涡轮和喷管，如图 3-26 所示。

各个部件的功用如下：

1）进气道：将足够的空气量，以最小的流动损失顺利地引入发动机；除此之外，当

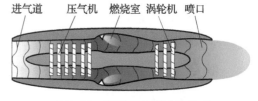

图 3-26　涡轮喷气发动机构成

飞行速度大于压气机进口处的气流速度时，可以通过冲压压缩空气，提高空气的压力。

2）压气机：通过高速旋转的叶片对空气做功，压缩空气，提高空气的压力。

3）燃烧室：高压空气和燃油混合、燃烧，将化学能转变为热能，形成高温高压的燃气。

4）涡轮：高温高压的燃气在涡轮内膨胀，向外输出功，驱动压气机和其他附件。

5）喷管：燃气通过喷管继续膨胀，然后以一定的速度和要求的方向排入大气，提供推力。

中间的三个部分——压气机、燃烧室、涡轮称为燃气发生器。燃气发生器是燃气涡轮发动机的核心，因此又称为核心机。燃气发生器可以完成发动机将热能转变为机械能的工作，即燃油在燃烧室内燃烧，将化学能转变为热能，涡轮将部分热能转变为机械能。

而热能转变为机械能需要在高压下进行，压气机就是用来提高压力的。根据燃气发生器所获得的机械能的分配方式的不同，燃气涡轮发动机可分为不同的类型，即涡喷发动机、涡扇发动机、涡桨发动机、涡轴发动机等。涡扇发动机的风扇、涡桨发动机的螺旋桨和直升机的旋翼与尾桨所需的功率均来自燃气发生器。

（2）工作系统

发动机的工作系统是确保发动机正常工作的有机组成部分，主要有燃油系统、润滑系统、防冰系统、防火系统和启动系统等。

1）发动机燃油系统的作用是根据发动机油门和飞行条件的变化，计量适当的燃油量，确保发动机安全、稳定、可靠地工作。

2）发动机润滑系统的作用是不断将适当温度的压力润滑油送到发动机各摩擦面，起到润滑和散热作用。

3）发动机防冰系统的作用是当预计存在发动机积冰的条件时，接通发动机防冰装置，防止发动机结冰，确保发动机正常工作。

4）发动机防火系统的作用是当发动机出现严重过热或火警时，接通发动机灭火装置，防止发动机严重损坏，危及飞行安全。

5）发动机启动系统的作用是将发动机从静止状态顺利加速到慢车状态，确保启动过程迅速、可靠。

（3）工作情形

发动机工作时，空气首先由进气道进入压气机，经压气机压缩后，气体压力得到极大提高。随即进入燃烧室，和从喷嘴喷出的燃油混合，并进行连续不断的燃烧，使燃油释放出热能，气体温度大大提高。燃烧后形成的燃气流入涡轮并膨胀，涡轮便在高温、高压气体推动下旋转，从而带动压气机旋转。燃气经涡轮最后进入喷管，继续膨胀并将部分热能转换成动能，从喷口高速喷出，通过气体对发动机的反作用，而产生推力。

2. 燃气涡轮发动机的分类

航空燃气涡轮发动机依靠专门的压气机来完成空气的压缩，由于都拥有其核心部件——燃气发生器（压气机、燃烧室、涡轮），统称为燃气涡轮发动机。它又可分为涡轮喷气发动机、涡轮螺旋桨发动机、涡轮风扇发动机和涡轮轴发动机。

（1）涡轮喷气（简称涡喷）发动机

涡轮喷气发动机由进气道、压气机、燃烧室、涡轮和喷管组成，如图 3-27 所示。

发动机工作时，空气经压气机压缩后，压力提高，随即进入燃烧室与燃料混合并燃烧；燃烧后形成的燃气流入涡轮，涡轮便在高温、高压燃气驱动下旋转起来，从而带动压气机工作；燃气最后在喷管中膨胀加速，高速向外喷出而产生推力。

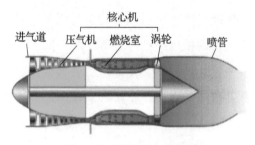

图 3-27　涡轮喷气发动机

涡喷发动机迎风面积小，具有较好的速度性能，但亚声速经济性差，适宜用作超声速战斗机的动力装置。

（2）涡轮螺旋桨（简称涡桨）发动机

涡桨发动机与涡喷发动机的不同之处在于涡轮轴除带动压气机外，还需通过减速器带动螺旋桨，如图 3-28 所示。发动机工作时，主要由螺旋桨产生拉力；此外，还由喷气的反作用而产生很小的推力。螺旋桨可由单转子发动机的转轴驱动或由双转子或三转子发动机的自由涡轮（转轴与发动机内驱动压气机的轴不相连的动力涡轮）驱动。

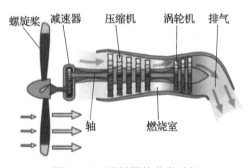

图 3-28　涡轮螺旋桨发动机

涡桨发动机起飞拉力大，在中、低速飞行时具有较好的经济性，适宜用作中、低速支线民航机、运输机和轰炸机的动力装置。

（3）涡轮风扇（简称涡扇）发动机

涡轮风扇发动机的风扇可由单独的涡轮驱动（如三转子发动机），也可是低压涡轮驱动的低压压气机的第 1 级（如双转子发动机），如图 3-29 所示。空气流经风扇后分成两路：一路是内涵气流，空气继续经压气机压缩，在燃烧室与燃油混合燃烧，燃气经涡轮和喷管膨胀，燃气高速从尾喷口排出，产生推力；

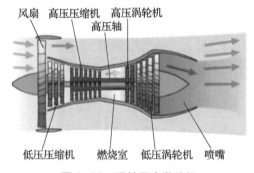

图 3-29　涡轮风扇发动机

另一路是外涵气流，流经风扇后的空气直接通过管道排到机外（短外涵）（图 3-30），或者一直流到尾喷口同内涵气流分别或混合排出（长外涵）（图 3-31），而产生部分推力。外涵道与内涵道的空气质量流量比为涵道比，用 B 表示。

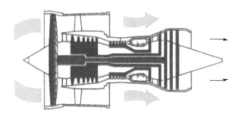

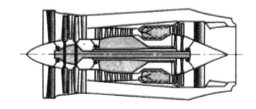

图 3-30 高涵道比短外涵道发动机　　　图 3-31 低涵道比长外涵道混合排气发动机

涡扇发动机的性能随涵道比的不同差异很大，总的说来，在亚声速段较之涡喷发动机具有更好的经济性，综合性能好。其中，高涵道比涡扇发动机（B=410）适宜用作高亚声速大、中型民航机以及运输机的动力装置；低涵道比涡扇发动机（B=0.2~0.6）适宜用作超声速战斗机的动力装置。

为了进一步降低高亚声速民航机的运行成本，需进一步提高涡扇发动机涵道比，提高发动机经济性。世界上各大发动机制造商竞相研制、开发超高涵道比的涡扇发动机，即螺旋桨风扇（简称桨扇）发动机，如图 3-32 所示。这种发动机采用后置超临界后掠桨扇，其涵道比可高达 20~60,燃油消耗率

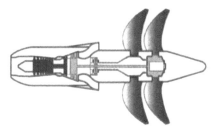

图 3-32 桨扇发动机

可进一步降低 30%~40%，起飞和爬升性能进一步改善。但桨扇发动机目前存在单发推进功率不高、噪声较大、安全保护方面存在缺陷等问题，还没有投入实际使用，但将会是高亚声速民航机动力装置的发展方向之一。

（4）涡轮轴（简称涡轴）发动机

涡轴发动机与涡桨发动机结构原理类似，其涡轮分为燃气发生器涡轮和自由涡轮，燃气发生器涡轮带动压气机，自由涡轮通过减速器带动外界负载（如直升机旋翼和尾桨、发电机转子等），如图 3-33 所示。自由涡轮和燃气发生器涡轮只有气动联系，即流过燃气发生器涡轮的燃气再驱动自由涡轮，自由涡轮输出功率。此外，排气装置产生的喷气的反作用力几乎可以忽略不计。涡轴发动机已经演变成一个热机，具有重量轻、功率大、经济性好的特点，在航空领域适宜用作直升机动力装置。

3. 燃气涡轮发动机工作特性

航空燃气涡轮发动机是按需要的性能指标设计出来的，该性能指标是根据特定工作状态（即额定工作状态）而定的。然而在使用过程中，发动机要在不同工作状态下运转，发动机的性能必然要随之变化。

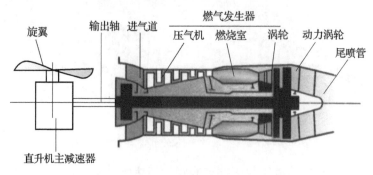

图 3-33　典型涡轴发动机

（1）单转子涡喷发动机工作特性

1）转速特性。在保持飞行高度和飞行速度不变的条件下，发动机的推力 F 和燃油消耗率 sfc 随发动机转速 n 的变化规律称为发动机的转速特性，又叫节流特性。

几何面积不可调的单转子涡喷发动机的转速特性如图 3-34 所示，可以看出：推力随转速的增大一直增大，而且转速越大，推力随转速增大而增长得越快；燃油消耗率随转速的增大而减小，到接近最大转速时，又略有增大。

2）高度特性。在给定的调节规律下，保持发动机的转速和飞行速度不变时，发动机的推力和燃油消耗率随飞行高度的变化规律称为发动机的高度特性。

一台地面设计增压比为 6 的涡轮喷气发动机在马赫数（Ma）为 0.9 时的高度特性如图 3-35 所示。在对流层飞行时，随着飞行高度的增加，燃油消耗率下降，发动机的推力下降。在平流层底部飞行时，随着飞行高度的增加，单位推力和燃油消耗率不变，推力继续下降，而且下降得更快一些。

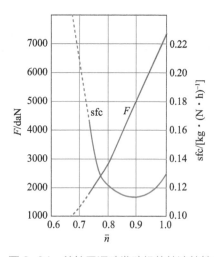

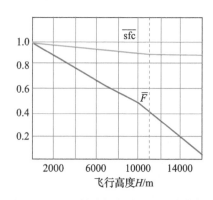

图 3-34　单转子涡喷发动机的转速特性　　图 3-35　涡轮喷气发动机的高度特性

3）速度特性。在给定的调节规律下，保持发动机的转速和飞行高度不变时，发动机的推力和燃油消耗率随飞行速度（或马赫数）的变化规律称为发动机的速度特性。

不同燃气温度下，设计增压比为6的单转子涡喷发动机的单位推力、燃油消耗率、空气流量和推力随飞行马赫数的变化规律如图3-36所示。随着飞行马赫数的增大，发动机推力略有下降或缓慢增加，在超声速范围内增加较快，当马赫数继续增加时，推力转为下降，直至推力下降为零；燃油消耗率随着马赫数的增大而增大，在高马赫数范围增加得更为急剧。

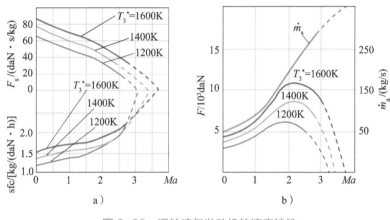

图3-36　涡轮喷气发动机的速度特性

（2）涡扇发动机工作特性

1）转速特性。同涡喷发动机一样，推力随转速的增大而增大，但接近最大转速时，推力增长得越来越慢；燃油消耗率起初随转速的增大降低得较快，后来下降缓慢，到接近最大转速时有所增加，其增加的程度比涡喷发动机稍大一些，如图3-37所示。

2）高度特性。在讨论涡扇发动机的高度特性时，假设涡轮前燃气温度保持不变。涡扇发动机的高度特性如图3-38所示，在图上还表示了相同参数的涡喷发动机的高度特性，两者的变化规律一样，只是快慢略有不同。

飞行高度增大时，空气密度减小，发动机的空气流量一直减少。在11000m以下，飞行高度升高时，大气温度降低，风扇增压比和内涵压气机增压比增加，使单位推力增大，涵道比减小；在11000m以上，大气温度保持不变，单位推力和涵道比保持不变。在上述影响推力的三个因素中，空气流量一直占主导地位，所以，随飞行高度的升高，推力一直减小。

燃油消耗率随飞行高度的变化规律为：在11000m以下时，随着飞行高度增加，增压比和加热比将增加，使发动机总效率上升，因而燃油消耗率下降；在11000m以上时，由于随着高度增加，大气温度保持不变，所以单位推力和涵道比均保持不变，燃油消耗率也就保持不变。

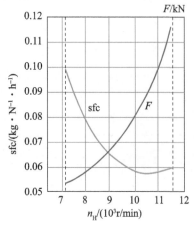

图 3-37　涡扇发动机的转速特性

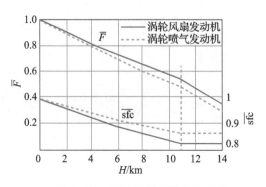

图 3-38　涡扇发动机的高度特性

3）速度特性。在讨论涡扇发动机的速度特性时，假设涡轮前燃气温度保持不变。随飞行速度的增大单位推力下降，涵道比增大，空气流量增多，但涵道比和空气流量增多程度不如单位推力下降的程度大，所以随飞行速度的增加推力将减小。特别是高涵道比的涡扇发动机，发动机的推力飞行速度的增加推力一直是减小的，涵道比越大，推力下降得越快，如图 3-39 所示。

燃油消耗率随飞行速度的变化规律是：随着飞行速度的增加而增加，低涵道比发动机燃油消耗率上升得较慢，高涵道比发动机燃油消耗率上升得较快，如图 3-40 所示。

从上述分析看出：涡扇发动机，特别是高涵道比的涡扇发动机，不适宜作为高速飞行的动力装置，因为它的速度特性不好。

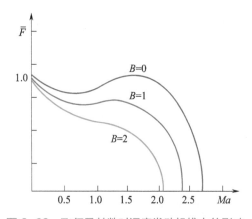

图 3-39　飞行马赫数对涡扇发动机推力的影响

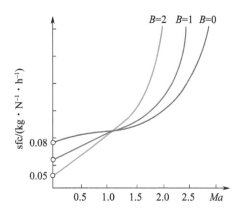

图 3-40　涡扇发动机燃油消耗率随飞行速度的变化

（3）涡桨发动机工作特性

涡桨发动机组合了涡喷发动机的优点与螺旋桨的推进效率。涡喷发动机通过迅速加速相对小的空气质量产生推力，涡桨对相对大的空气质量施加较小的加速产生拉力。涡桨发动机的涡轮设计成从膨胀的燃气中吸收大量的能量，不仅提供满足压气机和其他附件需要的功率，而且输出最大可能的转矩到螺旋桨轴。

涡桨发动机将输出较多的推力直到中、高亚声速飞行，其功率或推力随空速增加而减小，如图3-41所示。在正常巡航转速范围，涡桨发动机推进效率保持高于或低于常速，而涡喷发动机的推进效率随空速增加而迅速地增加，如图3-42所示。

涡桨发动机和涡扇发动机的一个主要工作差别是通过涡扇发动机风扇的气流由扩张型进气道设计所控制，相对于风扇叶片的空气速度不被飞机的空速所影响。这就消除了高空速下工作效率的损失，而高空速能力正是涡桨发动机的使用限制。而且通过风扇的总空气流量比通过涡桨发动机的螺旋桨的要少，随着涡扇发动机涵道比的增加，差别将减少。

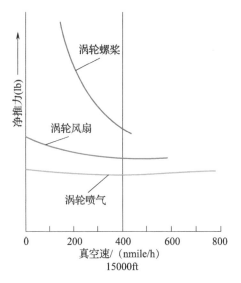

图3-41　涡桨、涡喷和涡扇发动机
净推力变化比较

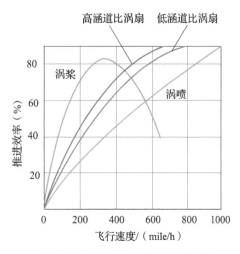

图3-42　涡桨、涡喷和涡扇发动机
燃油消耗率比较

（4）涡轴发动机工作特性

1）转速特性。涡轴发动机功率随转速的增大而增大，而且转速越大，功率随转速增大而增长得越快，如图3-43所示。影响涡轴发动机功率的因素是空气流量和单位流量功率。随着转速的增加，通过发动机的空气流量近似成正比增加；而单位流量功率取决于压气机的增压比、涡轮前燃气总温、压气机效率、涡轮效率和自由涡轮与排气管的组合效率等。

2）高度特性。涡轴发动机功率随飞行高度的增加而下降，当飞行高度大于 4km 后，其下降量变得缓慢起来，如图 3-44 所示。涡轴发动机燃油消耗率随飞行高度的增加有少量的下降，当飞行高度大于 4km 后，其下降量变得缓慢起来，如图 3-44 所示。

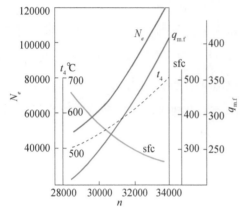

图 3-43　涡轴发动机的转速特性

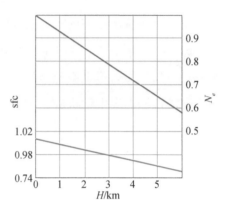

图 3-44　涡轴发动机的高度特性

从高度特性可知，随着高度的增加，涡轴发动机的功率不断下降，而从强度观点来看，若发动机的结构是以海平面标准大气状态的最大功率来设计的，则在一些非设计状态下工作时，多余的质量和较大的尺寸或者相反造成扭矩过大，超过允许值。为减轻发动机和减速器的质量，特提出限制功率的问题。所谓功率限制，就是从某一高度，或从某一状态开始保持功率不变，防止功率、转速等参数超过最大允许值。发动机开始限制功率的高度称为设计高度，用符号 H_d 表示。

3）速度特性。涡轴发动机功率随飞行速度的提高而增大，如图 3-45 所示。因为飞行速度增大，进入发动机的空气流量变大，使功率增加，同时，发动机的总增压比变大，使单位流量功率增加，也使功率增加。

涡轴发动机燃油消耗率随飞行速度的提高而减小。因为飞行速度增大，发动机的总增压比变大，改善了发动机的经济性，从而使燃油消耗率减小。实际飞行时，当无人直升机飞行速度从 0 增大到 300km/h 的时候，涡轴发动机的功率增大了 5%，而燃油消耗率减小了 3%。由于无人直升机的飞行速度超过 300km/h 的时候是不多的，故无人直升机上涡轴发动机的速度特性通常不考虑。

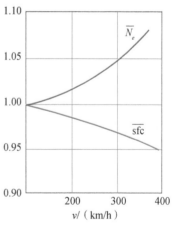

图 3-45　涡轴发动机的速度特性

拓 展 课 堂

2021 年 9 月 28 日，中国空军新闻发言人申进科在中国航展新闻发布会上官宣重磅消息：歼 -20 战机用上了国产发动机。这意味着歼 -20 摆脱了对外国发动机的依赖，而我国航空发动机技术的成熟，让歼 -20 终于进化成"完全体"。

中国航空工业集团有限公司（AVIC）高层负责人表示，歼 -20 强军报国换上中国"心"，战巡东海警巡南海成为训练常态。官方的再次确认表明，中国航空工业从必然王国进化到了自由王国，没有什么可阻挡。

歼 -20 战机是我国独立研制并列装的第一款五代重型隐身战斗机。歼 -20 的问世，使中国成为继美国之后第二个迈进独立研制隐身战机的国家，是我国军事科技技术的里程碑事件。而歼 -20 的后发优势，使它具备了美国 F-22 不具备的性能，可以说，这是一款比 F-22 更为先进的隐身战机。但歼 -20 面世以来，没有相适应的发动机一直是歼 -20 的"痛点"。

发动机技术一直是制约我国研发新式战机的"瓶颈"。在很长一段时间里，我国研制先进战机只能是依赖他国的先进发动机技术。而发动机作为先进战机的核心技术，不掌握在自己手中，就极易被别人"卡脖子"。

歼 -20 战机自研发成功以来，就是由于发动机技术不成熟，只能沿用俄制 AL-31F 发动机。虽然歼 -20 战机不至于面临无"心"可用的局面，但受到了 AL-31F 发动机产能不足、不具备隐身功能、性能未达到要求等诸多方面因素的制约。歼 -20 自 2017 年宣布批量交付部队以来，数量增长一直比较缓慢，一个重要原因应该就是受制于发动机。

现在有了中国"心"，不用再担心发动机卡脖子的问题，大规模量产装备部队指日可待。歼 -20 的性能无可比拟，装备 AL-31F 俄制发动机就已经表现不俗了，而随着换装更加强劲的国产发动机后，其机动能力、隐身性能都将更上一层楼。

歼 -20 换装国产发动机，还有着更为重要的意义。航空发动机号称是"工业王冠上的明珠"，是衡量一个国家工业实力的标志。国产战机发动机技术取得突破性进展，意味着我国成为继美、俄之后第三个能够研制先进战机发动机的国家。在先进发动机技术的支持下，我国的航空工业、船舶工业都将上一个大的台阶，更多天马行空的设计也将成为现实。

学习任务 3　电动动力装置

当前大多数民用无人机使用的是电动动力装置，电动动力装置由电机、电调、电池、螺旋桨四部分组成。无人机使用电机作为动力装置具有其他动力装置无法比拟的优点，如结构简单、重量轻、使用方便，可使无人机的噪声和红外特性很小，同时又能提供与内燃机不相上下的比功率。它尤其适合作为低空、低速、微型无人机的动力。

知识目标

- 理解电动动力装置的组成及各个组件的工作原理。

素养目标

- 培养学生的好奇心以及团队沟通协调能力。

？ 引导问题

1）喜欢玩无人机的都知道无人机的电机带动螺旋桨转动，给无人机提供动力，那你们知道电机和螺旋桨要怎么搭配才合理吗？

2）大家可能对电池很熟悉了，我们每天都要给手机电池充电，无人机用的电池跟手机电池一样也是锂电池，那么无人机用的电池有什么特殊之处？它的工作原理又是怎样的呢？

知识点 1　电机

1. 工作原理

民用无人机使用的动力电机可以分为两类：有刷电机和无刷电机。其中，有刷电机在无人机领域已经很少使用，因此本书着重介绍无刷电机的工作原理。

（1）三相驱动桥

图 3-46 所示为无刷电机的三相全桥驱动电路，使用 6 个 N 沟道的 MOSFET 管做功率输出元件，图中 $R_1/R_2/R_3$ 为 $Q_1/Q_2/Q_3$ 的上拉电阻，连接到二极管和电容组成的倍压整流电路，为上臂驱动管提供两倍于电源电压的上拉电平，使得上臂 MOSFET 在工作时

有足够高的压差，降低 MOSFET 大电流输出时的导通电阻。

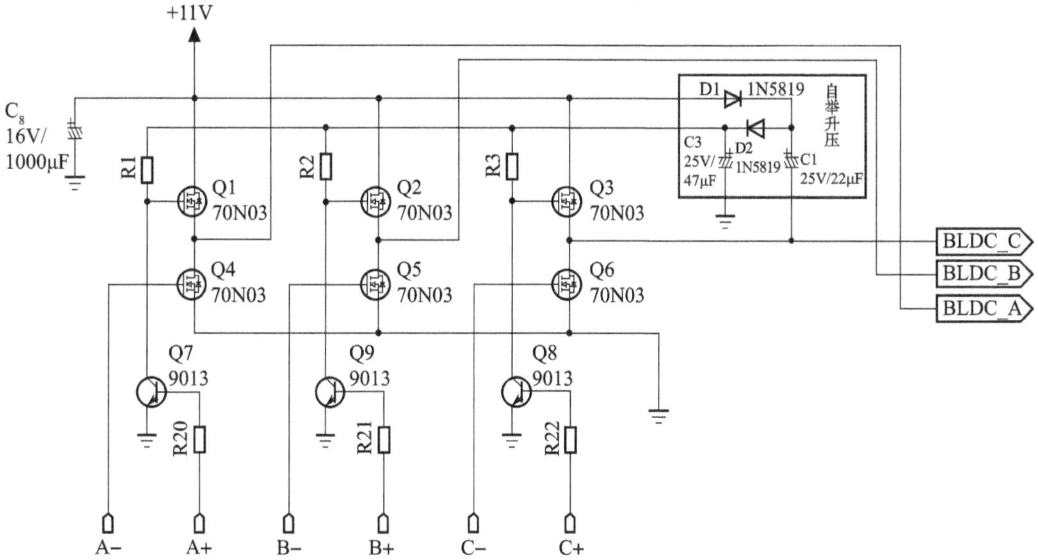

图 3-46　三相全桥驱动电路

$Q_1/Q_2/Q_3$MOS 管的 G 级分别由 $Q_7/Q_8/Q_9$ 驱动，在工作时只起到导通换相的作用。$Q_4/Q_5/Q_6$MOS 管由 MCU 的 PWM 输出口直接驱动。

C_8 是整个电调的电源滤波电容，使用中一定要接上，否则无刷电机的反电动势叠加在电源上不能被滤除，有倍压电路整流后的电压高达 30V 左右，已接近 MOSFET 的 V_{GS} 上限，可能会损坏 MOSFET。

（2）反电动势波形

图 3-47 所示为无刷电机运转中的理想反电动势波形，短斜线标出来的是反电动势的过零点。两个虚线间是 60° 电气角度，不要理解成电机的机械角度。常用航模无人机电机属于无刷三相六拍电机，每个电周期有 6 个状态。星形接法中（丫形）在每一时刻电机的通电线圈只有两相，另一相线圈悬空，悬空的线圈会产生反电动势，反电动势来源于电机磁体旋转而造成本线圈切割磁力线和另两相线圈通电时的互感。由于电机转动时的瞬时速度呈梯形波动，产生的反电动势也相应地呈梯形变化。但这些不是重要的，我们需要的只是准确地检测出过零点，为换相做准备。看图 3-47 中的第一个电周期过零点数目，三个线圈在时间轴上共出现 6 次过零点，和电周期的节拍数目相同。我们所要做的是，只要检测到零点，就需要给电机换相了。

（3）线圈换相的顺序

关于电机运行的换相步骤，需严格按照以下的换相顺序，如图 3-48 所示，应用中需要调换电机的转动方向，只需把电机的任意两根相线对调即可。

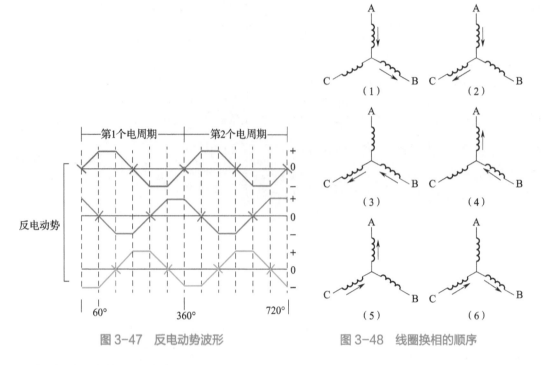

图 3-47 反电动势波形　　　　图 3-48 线圈换相的顺序

（4）过零点的 30° 电角度延迟

理想的反电动势波形和霍尔传感器输出波形对比如图 3-49 所示，从图中可看出，反电动势的过零点和霍尔传感器的波形翻转同步，如果用此反电动势过零信号进行程序换相会获得和有感无刷电机一样的运转性能。

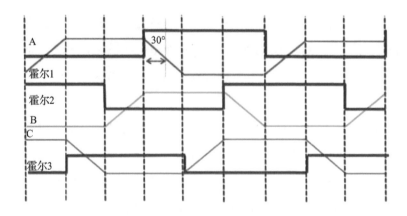

图 3-49 理想的反电动势波形和霍尔传感器输出波形对比

图 3-49 中，实线为霍尔的输出波形，虚线是反电动势，短竖线为反电动势的过零点，时间轴的方向为从左往右，可以得知反电动势的过零点比霍尔传感器的输出波形（实际

的反电动势波形和霍尔波形对比如图 3-50 所示）提前了半个电节拍，即 30° 电角度。为了能够在正确的时刻换相，需要在检测到反电动势过零点后延迟 30° 电角度之后，才进行换相。究竟延迟多长时间才够 30° 的时间呢？需要对相邻两个过零点之间的时间进行计时，因为无刷电机的转速是会变化的，相应的电周期也会变化。用定时器得到计时值后除以 2 就是当前电机转速下的电角度延迟时间值，把此时间值装入一个定时器，并打开该定时器中断，等延时完毕进中断即可完成电机换相。

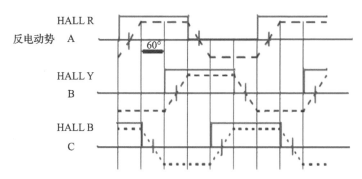

图 3-50　实际的反电动势波形和霍尔波形对比

2. 常用参数

电机常用的参数包括 T 数、kV 值、尺寸，直流无刷电机如图 3-51 所示。

1）电机 T 数：即线圈绕了多少圈的意思，例如线圈绕了 21 圈，则称为 21T。无刷电机因为结构限制，常见都是从输入端开始，结束于另外一侧，因此常见都是多半圈，于是大多数是 4.5T、8.5T、21.5T 这样的。

2）kV 值：kV 值是指转速 /V，意思为输入电压增加 1V，无刷电机空转转速增加的值。例如：1000kV 电机，外加 1V 电压，

图 3-51　直流无刷电机

电机空转时转速为 1000r/min，外加 2V 电压，电机空转转速就是 2000r/min 了。单从 kV 值，不可以评价电机的好坏，因为不同 kV 值可适用不同尺寸的桨，绕线匝数多的，kV 值低，最高输出电流小，但转矩大，上大尺寸的桨；绕线匝数少的，kV 值高，最高输出电流大，但转矩小，上小尺寸的桨。

3）尺寸：电机四个数字的含义，如 2312 电机、2018 电机等，这表示电机的尺寸。不管什么牌子的电机，具体都要对应 4 位这类数字，其中前面 2 位是电机转子的直径，后面 2 位是电机转子的高度（注意，不是外壳）。简单来说，前面 2 位越大，电机直径

越大，后面 2 位越大，电机越高。又高又大的电机，功率就更大，适合做大四轴。通常 2212 电机是最常见的配置。

知识点 2　电调

动力电机的调速系统统称为电调，全称为电子调速器，针对动力电机不同，可分为有刷电调和无刷电调。无刷电调如图 3-52 所示。

电调的作用就是将飞控板的控制信号，转变为电流的大小，以控制电机的转速。因为电机的电流是很大的，通常每个电机正常工作时，平均有 3A 左右的电

图 3-52　无刷电调

流，如果没有电调的存在，飞控板根本无法承受这样大的电流，另外也无法实现驱动无刷电机的功能。同时电调在四轴当中还充当了电压变换器的作用，将 11.1V 的电压变为 5V 为飞控板和遥控器供电。

对于它们的连接，一般情况下，电调的输入线与电池连接；电调的输出线（有刷两根，无刷三根）与电机连接；电调的信号线与接收机连接。

另外，电调一般有电源输出功能，即在信号线的正负极之间有 5V 左右的电压输出，通过信号线为接收机及舵机供电。

电调都会标上安培数，如 20A、40A，这个数字就是电调能够提供的电流。大电流的电调可以兼容用在小电流的地方，小电流电调不能超标使用。常见的新西达 2212 加 1045 桨最大电流有可能达到了 5A，为了保险起见，建议配用 30A 或 40A 电调。

知识点 3　螺旋桨

多旋翼无人机安装在电机上的都是不可变总距的螺旋桨，主要指标有螺距和尺寸。桨的指标是 4 位数字，前面 2 位代表桨的直径（单位为 in，1in=254mm），后面 2 位是桨的螺距。多旋翼无人机安装的螺旋桨如图 3-53 所示。

1）正反桨：四轴飞行为了抵消螺旋桨的自旋，相邻的桨旋转方向是不一样的，所以需要正反桨。正反

图 3-53　螺旋桨

桨的风都向下吹。适合顺时针旋转的叫正桨，适合逆时针旋转的是反桨。安装的时候，一定记得无论正反桨，有字的一面是向上的（桨叶圆润的一面要和电机旋转方向一致）。

2）电机与螺旋桨的搭配：螺旋桨越大，升力就越大，但对应需要更大的力量来驱动；螺旋桨转速越高，升力越大；电机的 kV 值越小，转动力量就越大。因此，大螺旋桨就需要用低 kV 值电机，小螺旋桨就需要高 kV 值电机（因为需要用转速来弥补升力不足）。如果高 kV 值带大桨，力量不够，那么就很困难，实际还是低速运转，电机和电调很容易烧掉；如果低 kV 值带小桨，转动力量没有问题，但升力不够，可能造成无法起飞。

对于电机需要使用对应的螺旋桨，表 3-1 中列出了几种电机与桨的选择。

表 3-1　电机与桨的选择

电机（kV 值）	桨
800~1000	11~10in 桨
1000~1200	10~9in 桨
1200~1800	9~8in 桨
1800~2200	8~7in 桨
2200~2600	7~6in 桨
2600~2800	6~5in 桨
2800 以上	4530 桨

知识点 4　电池

图 3-54 所示为无人机上所用的电池类型之一。

1. 电池的性能参数

（1）额定电压

图 3-54　电池

额定电压又叫公称电压，是指该电化学体系的电池工作时公认的标准电压。例如，锌锰干电池为 1.5V，镍镉电池为 1.2V，铅酸电池为 2V，锂聚合物电池为 3.7V。

（2）开路电压

电池的开路电压是指无负荷情况下的电池电压。开路电压不等于电池的电动势。必须指出，电池的电动势是从热力学函数计算而得到的，而电池的开路电压则是实际测量出来的。

（3）工作电压

工作电压是电池在某负荷下实际的放电电压，通常是指一个电压范围。例如，铅酸电池的工作电压为 1.8~2V，镍氢电池的工作电压为 1.1~1.5V，锂离子电池的工作电压为 2.75~3.6V，锂聚合物电池的工作电压为 4.2~3.7V。

（4）充电电压

充电电压是指外电路直流电压对电池充电的电压，一般的充电电压要大于电池的开路电压，通常在一定的范围内。例如，镍镉电池的充电电压为 1.45~1.5V，锂离子电池的充电电压为 4.1~4.2V，铅酸电池的充电电压为 2.25~2.5V。

（5）阻抗

电池内具有很大的电极 – 电解质界面面积，故可将电池等效为一大电容与小电阻、电感的串联回路。但实际情况复杂得多，尤其是电池的阻抗随时间和直流电平而变化，所测得的阻抗只对具体的测量状态有效。

（6）容量

电池的容量单位为库仑（C）或安时（A·h）。表征电池容量特性的专用术语有以下三个：

1）理论容量：根据参加电化学反应的活性物质电化学当量数计算得到的电量。通常理论上 1 电化当量物质将放出 1 法拉第电量，96500C 或 26.8A·h（1 电化当量物质的量，等于活性物质的原子量或分子量除以反应的电子数）。

2）额定容量：在设计和生产电池时，规定或保证在指定放电条件下电池应该放出的最低限度的电量。

3）实际容量：在一定的放电条件下，即在一定的放电电流和温度下，电池在终止电压前所能放出的电量。电池的实际容量通常比额定容量大 10%~20%。

电池容量的大小，与正、负极上活性物质的数量和活性有关，也与电池的结构和制造工艺与电池的放电条件（电流、温度）有关。影响电池容量因素的综合指标是活性物质的利用率，活性物质利用得越充分，电池给出的容量也就越高。

（7）比能量和比功率

电池的输出能量是指在一定的放电条件下，电池所能做的电功，它等于电池的放电容量和电池平均工作电压的乘积，其单位常用瓦时（W·h）表示。

电池的比能量有两种。一种叫质量比能量，用瓦时 / 千克（W·h/kg）表示；另一种叫体积比能量，用瓦时 / 升（W·h/L）表示。比能量的物理意义是电池为单位质量或单位体积时所具有的有效电能量。它是比较电池性能优劣的重要指标。需要说明的是单体电池和电池组的比能量是不一样的。由于电池组合时总要有连接条、外部容器和内包装层等，故电池组的比能量总是小于单体电池的比能量。

电池的功率是指在一定的放电条件下，电池在单位时间内所能输出的能量，单位是瓦（W），或千瓦（kW）。电池的单位质量或单位体积的功率称为电池的比功率，它的单位是瓦／千克（W/kg）或瓦／升（W/L）。如果一个电池的比功率较大，则表明在单位时间内，单位质量或单位体积中给出的能量较多，即表示此电池能用较大的电流放电。因此，电池的比功率也是评价电池性能优劣的重要指标之一。

（8）贮存性能和自放电

电池经过干贮存（不带电解液）或湿贮存（带电解液）一定时间后，其容量会自行降低，这个现象称自放电。所谓贮存性能是指电池开路时，在一定的条件下（如温度、湿度）贮存一定时间后自放电的大小。

电池在贮存期间，虽然没有放出电能量，但是在电池内部总是存在着自放电现象。即使是干贮存，也会由于密封不严，进入水分、空气及二氧化碳等物质，使处于热力学不稳定状态的部分正极和负极活性物质构成微电池腐蚀机理，自行发生氧化还原反应而白白消耗掉。如果是湿贮存，更是如此。长期处在电解液中的活性物质也是不稳定的，负极活性物质大多是活泼金属，都会发生阳极自溶。酸性溶液中，负极金属是不稳定的，在碱性溶液及中性溶液中也非十分稳定。

电池自放电的大小，一般用单位时间内容量减少的百分比表示，即

$$自放电 = \left(C_o - \frac{C_t}{C_o t} \right) \times 100\% \qquad (3-5)$$

式中，C_o 为贮存前电池容量（A·h）；C_t 为贮存后电池容量（A·h）；t 为贮存时间，用天、周、月或年表示。

自放电的大小，也能用电池贮存至某规定容量时的天数表示，称为贮存寿命。贮存寿命有两种，即干贮存寿命和湿贮存寿命。对于在使用时才加入电解液的电池贮存寿命，习惯上也称为干贮存寿命，干贮存寿命可以很长。对于出厂前已加入电解液的电池贮存寿命，习惯上称为湿贮存寿命（或湿荷电寿命）。湿贮存时自放电严重，寿命较短。例如，银锌电池的干贮存寿命可达 5~8 年，但它的湿贮存寿命通常只有几个月。

（9）寿命

电池的寿命有"干贮存寿命"和"湿贮存寿命"，两个概念仅是针对电池自放电大

小而言的，并非电池的实际使用期限。电池的真正寿命是指电池实际使用的时间长短。

对一次电池而言，电池的寿命表征给出额定容量的工作时间（与放电倍率大小有关）。对二次电池而言，电池的寿命分充放电循环寿命和湿搁置使用寿命两种。

充放电循环寿命是衡量二次电池性能的一个重要参数。经受一次充电和放电为一次循环（或一个周期）。在一定的充放电制度下，电池容量降至某一规定值之前电池能耐受的充放电次数，称为二次电池的充放电循环寿命。充放电循环寿命越长，电池的性能越好。在目前常用的二次电池中，镍镉电池的充放电循环寿命为 500~800 次，铅酸电池为 200~500 次，锂电池为 600~1000 次，锌银电池为 100 次左右。

二次电池的充放电循环寿命与放电深度、温度、充放电制式等条件有关。所谓"放电深度"是指电池放出的容量占额定容量的百分数。减小放电深度（即"浅放电"），二次电池的充放电循环寿命可以大大延长。

湿搁置使用寿命也是衡量二次电池性能的重要参数之一。它是指电池加入了电解液后开始进行充放电循环直至充放电循环寿命终止的时间（包括充放电循环过程中电池处于放电状态湿搁置的时间）。湿搁置使用寿命越长，电池性能越好。在目前常用的电池中，镉镍电池湿搁置使用寿命为 2~3 年，铅酸电池为 3~5 年，锂电池为 5~8 年，锌银电池最短，只有 1 年左右。镍镉电池如图 3-55 所示。

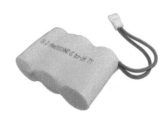

图 3-55　镍镉电池

2. 无人机常用电池的类型

无人机上常用的电池类型有锂聚合物电池（图 3-56）、镍氢电池（图 3-57）、锂离子电池（图 3-58）和铅酸电池（图 3-59）。其中使用最多的就是锂聚合物电池，以下对其进行简单介绍。

锂离子电池的正极材料通常由锂的活性化合物组成，负极则是特殊分子结构的碳。常见的正极材料主要成分为 $LiCoO_2$。充电时，加在电池两极的电势迫使正极的化合物释出锂离子，嵌入负极分子排列星片层结构的碳中；放电时，锂离子则从片层结构的碳中析出，重新与正极的化合物结合。锂离子的移动产生电流。

锂离子电池很少有镍镉电池的记忆效应，记忆效应的原理是结晶化，在锂离子电池中几乎不会产生这种反应。但是，锂离子电池在多次充放后容量仍然会下降，其原因是复杂而多样的，主要是正负极材料本身的变化。从化学角度来看，是正负极材料活性钝化，出现副反应，生成稳定的其他化合物；从分子层面来看，正负极上容纳锂离子的空

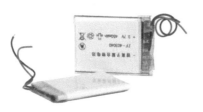

图 3-56 锂聚合物电池

图 3-57 镍氢电池

图 3-58 锂离子电池

图 3-59 铅酸电池

穴结构会逐渐塌陷、堵塞；物理上还会出现正极材料逐渐剥落等情况，最终降低了电池中可以自由在充放电过程中移动的锂离子数目。

过度充电和过度放电将对锂离子电池的正负极造成永久的损坏。从分子层面看，可以直观地理解为过度放电导致负极碳过度释出锂离子而使得其片层结构出现塌陷，过度充电将把太多的锂离子硬塞进负极碳结构里去，从而使得其中一些锂离子再也无法释放出来。这也是锂离子电池为什么通常配有充放电控制电路的原因。

不适合的温度将引发锂离子电池内部其他化学反应生成我们不希望看到的化合物，所以在不少的锂离子电池正负极之间设有保护性的温控隔膜或电解质添加剂。当电池升温到一定程度时，复合膜膜孔闭合或电解质变性，电池内阻增大直到断路，电池不再升温，确保电池充电温度正常。

电池在使用过程中应注意以下几点：

1）每次使用建议单片放电电压下限为 3.6V，最好每次使用时保证充满（单片电压 4.2V）后使用至 3.6V 再进行充电。

2）每次使用后保证电池冷却后再进行充电。

3）一段时间可做一次保护电路控制下的深充放，以修正电池的电量统计，但这不会提高电池的实际容量。

4）长期不用的电池应放在阴凉的地方，以减弱其内部自身钝化反应的速度。

5）保护电路也无力监控电池的自放电，长期不用的电池应充入一定的电量，以防电池在贮存中自放电过量导致过度放电的损坏。

6）保证电池的贮存温度＜65℃。

7）长期贮存时，应把电池单片电压放电至 3.8~3.9V。

8）锂离子电池可重复充放使用 50~100 次。

9）镍氢电池可进行充放电 500 次。

10）对于记忆效应比较严重的电池，尽量在完全没电时才进行充电，以延长使用寿命。

11）镍氢电池在 10 次左右的充放电循环之后，进行一次过充电。

12）镍镉电池长期不用时无须充电保存，应将电池放电至终止电压后封装放在原包装纸盒或用布、纸包装后，置于干燥、通风处存放。

04
模块四　无人机结构设计

　　对于无人机从业者或者无人机爱好者来说，能够自己设计一款无人机，是很值得骄傲的一件事情。在无人机结构设计的学习过程中，读者不但能够增强对无人机结构的理解，还能为以后无人机的维修排故做知识积累。本模块首先介绍了三个无人机设计中常用的软件，然后基于航空领域最常用的 CATIA，开展了一款无人机内部结构的设计，通过已有的无人机外形，对无人机内部结构进行详细的设计，为后续无人机的制作打下基础。在无人机的结构设计中，会使用到各种软件，比如法国达索公司的 CATIA 被各大院校和研究所用于结构外形曲面的设计，SolidWorks 用于内部结构件的设计，AutoCAD 主要用于二维图纸的绘制与处理。鉴于多旋翼的结构相对简单，直升机太过复杂，使用也相对较少，本模块主要以固定翼无人机为例，让大家学会在有三视图的情况下对其进行结构复原，并进行内部结构的设计。

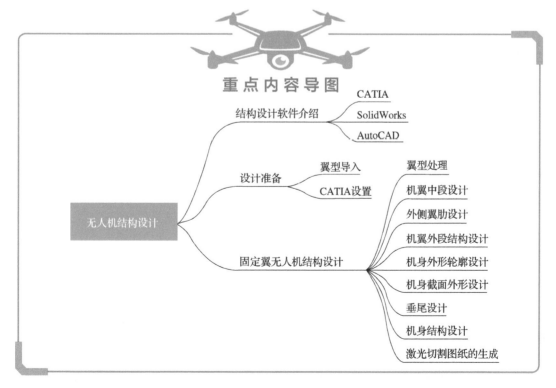

重点内容导图

结构设计软件介绍 —— CATIA
　　　　　　　　　　SolidWorks
　　　　　　　　　　AutoCAD

无人机结构设计
　　设计准备 —— 翼型导入
　　　　　　　CATIA设置

固定翼无人机结构设计 —— 翼型处理
　　　　　　　　　　　　机翼中段设计
　　　　　　　　　　　　外侧翼肋设计
　　　　　　　　　　　　机翼外段结构设计
　　　　　　　　　　　　机身外形轮廓设计
　　　　　　　　　　　　机身截面外形设计
　　　　　　　　　　　　垂尾设计
　　　　　　　　　　　　机身结构设计
　　　　　　　　　　　　激光切割图纸的生成

学习任务 1　结构设计软件介绍

随着市场竞争日趋激烈，企业越来越离不开工业设计。如今，随着工业设计的发展和壮大，它被视为工业、科技、文化、艺术、社会和经济的整体结合体。产品设计反映了一个时代的经济、技术和文化。随着互联网和大数据时代的到来，工业设计所需的软件也在不断变化。常用的工业设计软件包括 CATIA、SolidWorks、AutoCAD、rhinoceros、3D MAX、PROE 等，其功能是展示平面的创造性三维表达。

知识目标

● 了解无人机结构设计所使用的软件。

素养目标

● 培养学生浓厚的学习兴趣以及动手能力。

? 引导问题

我们这门课学习的是无人机的结构设计，现在我们做设计都会用到各种软件，那么对于无人机的结构设计来说，会用到哪些软件呢？

知识点 1　CATIA

CATIA 源于航空航天工业，是业界无可争辩的领袖，凭借其精确安全和可靠性，满足了商业、防御和航空航天领域各种应用的需要。在航空航天业的多个项目中，CATIA 被应用于开发虚拟的原型机，其中包括 Boeing 飞机公司（美国）的 Boeing777 和 Boeing737，Dassault 飞机公司（法国）的阵风（Rafale）战斗机、Bombardier 飞机公司（加拿大）的 GlobalExpress 公务机以及 LockheedMartin 飞机公司（美国）的 Darkstar 无人驾驶侦察机等。

Boeing 飞机公司在 Boeing777 项目中，应用 CATIA 设计了除发动机以外的 100% 的机械零件，并将包括发动机在内的 100% 的零件进行了预装配。Boeing777 也是迄今为止，唯一进行 100% 数字化设计和装配的大型喷气客机。参与 Boeing777 项目的工程师、工装设计师、技师以及项目管理人员超过 1700 人，分布于美国、日本、英国等不同地区。他们通过 1400 套 CATIA 工作站联系在一起，进行并行工作。设计人员对 Boeing777 的全部零件进行了三维实体造型，并在计算机上对其进行了全尺寸的预装配。预装配使工程师不必再制造一个物理样机，工程师在预装配的数字样机上即可检查和修改设计中的干涉和不协调。Boeing 飞机公司宣布在该项目中，与传统设计和装配流程相比较，由于应用 CATIA，节省了 50% 的重复工作和错误修改时间。

尽管首架 Boeing777 的研发时间与应用传统设计流程的其他机型相比，其节省的时间并不是非常显著，但 Boeing 飞机公司预计，其后继机型的开发至少可节省 50% 的时间。

CATIA 的后参数化处理功能在 Boeing777 的设计中也显示出了其优越性和强大功能。为迎合特殊用户的需求，利用 CATIA 的参数化设计，Boeing 公司不必重新设计和建立物理样机，只需进行参数更改，就可以得到满足用户需要的电子样机，用户可以在计算机上进行预览。

CATIA 已经成为世界飞机设计领域的通用技术标准，此外它在汽车制造、造船及其他机械设计领域也得到了更加广泛的应用。对于航模设计而言，虽然没有真实飞机设计中许多复杂繁琐的要求，可能 3D MAX 就能基本满足一般用户的需要，但是，CATIA 能够大大节省绘图的时间，特别是在模型细节修改调整中显著减少劳动量。因此，学习一下 CATIA 对于每一个喜欢无人机设计的人来说，绝对是大有意义的。

相对于传统学习 CATIA 的书来说，我们这里更强调实用性，忽略掉一些在航模设计中很难遇到的东西，也不再一条一条学习软件中的每个命令。在绘制模型的每一个步骤中，我们用到哪儿学到哪儿。

知识点 2　SolidWorks

SolidWorks 软件是世界上第一个基于 Windows 开发的三维 CAD 系统。由于技术创新符合 CAD 技术的发展潮流和趋势，SolidWorks 公司成为 CAD/CAM 产业中获利最高的公司之一。

由于使用了 WindowsOLE 技术、直观式设计技术、先进的 Parasolid 内核（由剑桥提供）以及良好的与第三方软件的集成技术，SolidWorks 成为全球装机量最大、最好用的工业设计软件。资料显示，目前全球发放的 SolidWorks 软件使用许可约 28 万，涉及航空航天、机车、食品、机械、国防、交通、模具、电子通信、医疗器械、娱乐工业、日用品 / 消费品、离散制造等分布于全球 100 多个国家的约 31000 家企业。在教育市场上，每年来自全球 4300 所教育机构的近 145000 名学生通过 SolidWorks 的培训课程。

在美国，包括麻省理工学院（MIT）、斯坦福大学等在内的著名大学已经把SolidWorks列为制造专业的必修课，国内的一些大学，如电子科技大学、哈尔滨工业大学、清华大学、中山大学、中南大学、重庆大学、浙江大学、华中科技大学、北京航空航天大学、东北大学、大连理工大学等也在应用SolidWorks进行教学。

SolidWorks软件功能强大，组件繁多。它具有功能强大、易学易用和技术创新三大特点，这使得SolidWorks成为领先的、主流的三维CAD解决方案。SolidWorks能够提供不同的设计方案、减少设计过程中的错误以及提高产品质量。它不仅提供如此强大的功能，而且对每个工程师和设计者来说，操作简单方便、易学易用。在强大的设计功能和易学易用的操作（包括Windows风格的拖/放、点/击、剪切/粘贴）协同下，使用SolidWorks，整个产品设计是百分之百可编辑的，零件设计、装配设计和工程图之间是全相关的。

对于熟悉微软的Windows系统的用户，基本上就可以用SolidWorks来搞设计了。SolidWorks独有的拖拽功能使用户在比较短的时间内完成大型装配设计。SolidWorks资源管理器是同Windows资源管理器一样的CAD文件管理器，用它可以方便地管理CAD文件。使用SolidWorks，用户能在比较短的时间内完成更多的工作，能够更快地将高质量的产品投放市场。

在目前市场上所见到的三维CAD解决方案中，SolidWorks是设计过程比较简便而方便的软件之一。美国著名咨询公司Daratech对其如此评论："在基于Windows平台的三维CAD软件中，SolidWorks是最著名的品牌，是市场快速增长的领导者。"

知识点3 AutoCAD

AutoCAD（AutodeskComputerAidedDesign）是Autodesk（欧特克）公司于1982年开发的自动计算机辅助设计软件，用于二维绘图、详细绘制、设计文档和基本三维设计，现已经成为国际上广为流行的绘图工具。AutoCAD具有良好的用户界面，通过交互菜单或命令行方式便可以进行各种操作。它的多文档设计环境，让非计算机专业人员也能很快地学会使用，在不断实践的过程中更好地掌握它的各种应用和开发技巧，从而不断提高工作效率。AutoCAD具有广泛的适应性，它可以在各种操作系统支持的微型计算机和工作站上运行。

在无人机制作中，AutoCAD经常会被用于处理待切割的翼梁、翼肋等图纸，然后用激光切割机或者雕刻机将零部件加工出来。该软件的特点如下：

1）具有完善的图形绘制功能。

2）具有强大的图形编辑功能。

3）可以采用多种方式进行二次开发或用户定制。

4）可以进行多种图形格式的转换，具有较强的数据交换能力。

5）支持多种硬件设备。

6）支持多种操作平台。

7）具有通用性、易用性，适用于各类用户。

此外，从 AutoCAD2000 开始，该系统又增添了许多强大的功能，如 AutoCAD 设计中心（ADC）、多文档设计环境（MDE）、Internet 驱动、新的对象捕捉功能、增强的标注功能以及局部打开和局部加载的功能。

拓展课堂

世界处于百年未有之大变局，大国战略博弈进一步聚焦制造业，美国的"先进制造业领导力战略"、德国的"国家工业战略 2030"、日本的"社会 5.0"等以重振制造业为核心的发展战略，均以智能制造为主要抓手，力图抢占全球制造业新一轮竞争制高点。我国制造业增加值虽多年保持全球第一，但长期处于价值链的中低端，制造大国向制造强国的转变中，工业软件作用举足轻重，EDA/MATLAB 断供事件，更是倒逼国产工业软件加速发展。

工业软件在国内因起步较晚，高端核心技术长期被外国垄断，我国制造业规模占全球的近 30%，但国产工业软件的市场份额不足 6%，工业软件正在成为我国由制造大国走向制造强国迈进的主要瓶颈。

工业软件是工业知识软件化的结果，它将数学、物理、化学、电子、机械等多学科知识进行融合并软件化，使工业软件成为智能工具，起到定义工业产品、控制生产设备、完善业务流程、提高运行效率等作用。其核心价值在于帮助工业企业提质、降本、增效，提高企业在高端制造中的竞争力。

2021 年，我国工业软件产品实现收入 2414 亿元，同比增长 24.8%。而近 5 年，全球工业软件市场规模平均增速维持在 6%。我国开始进入工业化进程后期，工业软件需求缺口大。工业软件与先进制造一同成长，德国、美国、英国已完成工业化进程，凭借深厚的工业积累，已诞生百亿欧元体量的巨头公司。海外工业软件巨头均诞生于工业强国的转型时期，产品与产业融合不断提升产品的实际应用性能。

目前，国外软件巨头占据国内工业软件从设计、制造至服务的八成以上市场，掌控着仿真设计、分析工具、企业管理和先进控制等工业软件核心技术。业内主流常用的各领域工业软件超过 150 余款，涵盖研发设计、生产控制、测试验证等环节，几乎都是国外企业提供，且软件封闭不开源、不开放。

我国目前面临制造业升级的问题，制造业要升级，就必须有匹配的工业软件作为基石。作为工艺沉淀与传承的载体，工业软件涉及生产制造过程中各个环节，并且成为锻造智能制造与作业体系的核心基础。工业软件是工业 4.0 时代实现智能制造的关键。

学习任务 2　设计准备

本书介绍的无人机设计采用矩形机翼，翼展 1.3m，翼面积 0.24m^2，标准起飞重量在 1.3kg 左右。该无人机机身略微肥胖，虽然会在一定程度上增加飞行的阻力，但同时也带来了较大的舱容。因此，该机十分适于装载许多特殊设备进行飞行作业。

知识目标

- 了解无人机设计软件的使用。
- 熟悉 CATIA 的工作界面。

技能目标

- 学会使用 Profili 查询翼型的性能。
- 学会使用 Profili 导出所需要的翼型。

技能点 1　翼型导入

使用 Profili 软件导入需要的翼型，本书介绍的无人机使用的是 CLARK-Y。关于 Profili 的使用，不是本书的重点，因此只简略叙述其过程。在 Profili 软件环境下点击左上角翼型图标，打开翼型库，如图 4-1 所示。

如图 4-2 所示，在弹出的翼型库窗口中，找到"FilterByName"按钮和其右侧的文本框，在文本框中输入"CLARK"，软件将自动过滤出名称中包含"CLARK"的所有翼型。从左侧选择框中找到"CLARK-Y"，单击使其变蓝，选择 Ribs-templates → Beginprintingaribortemplatefortheselectedairfoil，打开翼型绘制对话框。

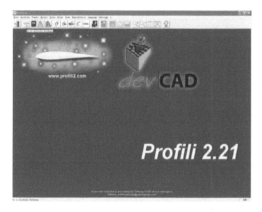

图 4-1　翼型设计软件 Profili

图 4-2　翼型选择

翼型绘制（图 4-3）对话框中，只在 Drawchordline（绘制弦线）前打钩，选择确定。

在翼型模板生成后，从屏幕上方找到 DXF 导出按钮（图 4-4），将翼型导出为 DXF 文件，并存放在工作位置。

图 4-3　翼型绘制

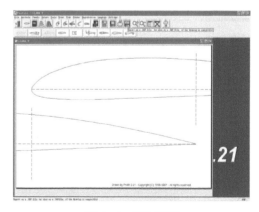

图 4-4　保存翼型

技能点 2　CATIA 打开与设置

以上准备工作全部完成，下面开始进入我们的主要对象——CATIA 软件的工作环境。相信绝大多数读者都是第一次使用，因此我们一步一步从最开始的设置说起。

CATIA 是一个自由性很大的软件，不仅在作图方面，就连其操作界面也是如此。每一个使用 CATIA 的设计人员都很可能拥有不同形式的设计界面，以便尽可能符合自己的绘图习惯。在第一次使用 CATIA 时，我们通常需要对 CATIA 的使用界面进行一些处理。目前使用最广泛的是 CATIA V5 版本，本书中的全部操作都将在 CATIA V5R17 版本下进行。

由于程序需要进行很多初始化工作，因此在绝大多数电脑上，进入 CATIA 需要花上 2~3min 的时间。在进入 CATIA 后，一般会自动生成一个 Product 文件，现在我们暂时不用管它，直接在右上角将其关闭即可（图 4-5），注意不要关闭整个 CATIA 软件。

在空白页面上，单击上部菜单栏最左边的开始按钮 开始 ，可以看到里面有许多内容，其中包含机械零件设计、曲面设计、数控加

图 4-5　CATIA 的开始界面

工等，可见 CATIA 作为工业设计软件其功能的强大。我们由于是设计航模，只会用到其中很少的一部分。现在进入开始→形状（或外形）→创成式外形设计，如图 4-6 所示。

然后会弹出一个对话框，让输入新建零部件号，直接点确定即可，即可进入零部件几何体的绘制界面，如图 4-7 所示。

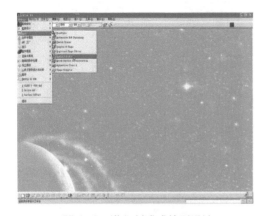

图 4-6　进入创成式外形设计

图 4-7　零部件几何体创成式外形设计界面

也可以通过文件→新建,选择 Part 新建零部件,如图 4-8 所示。非常重要的一点是,创建、打开零部件以后要及时通过"文件→另存为"命令将文件以方便记忆的名字存在需要的位置,可以选择保存的类型和位置,如图 4-9 所示。

图 4-8 新建零部件几何体的选择界面　　　　图 4-9 文件另存为界面

下面即进入了创成式外形设计模块。我们一般利用这个模块绘制模型的外形曲面。图 4-10 所示是一个没有经过调整的标准界面——很多工具都隐藏起来了,图标布置得也很没规律,一般需要我们手动调整一下。首先将鼠标移至任何一个图标附近,单击右键,可以看到所有能够显示的工具条。一般情况下可以打开图形属性工具条,关掉 ENOVIAV5。

仔细观察,可以看到工具条在屏幕右下角处显示一个很淡的"》"图标,如图 4-11 所示。这表示由于屏幕大小限制,有一部分图标无法显示。为了显示所有图标,我们还需要进一步改变工具条的位置。

图 4-10 CATIA 工作台标准界面　　　　图 4-11 改变工具条的位置

CATIA 的工具条被许多小横线隔成数段。点击每一段前的横线(图 4-12),即可拖动改变工具条的位置,这样我们可以让所有隐藏的图标都显示出来。

另外,我们注意到很多工具图标的右下角都有一个黑色的小倒三角形(图 4-13),这表示点击该图标可以进一步展开多个操作按钮。通过拖拽展开后工具条上的横线部分,我们还可以把它拖到自己觉得方便的地方。例如，很多人很喜欢把视图工具条展开，并放置在屏幕上方。

图 4-12　拖动工具条

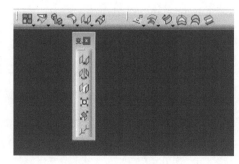

图 4-13　展开工具条

就这样，我们完成了 CATIA 创成式外形设计模块第一次使用时的界面设置。有时我们会发现工具条位置由于某些原因发生了改变，导致我们无法找到需要的工具图标，可以打开"工具→定制"，单击工具栏选项卡，点击恢复位置按钮，就可以将所有工具条恢复至初始默认位置。

学习任务 3　固定翼无人机结构设计

前面我们已经做好了设计的准备工作，在本学习任务中我们将学习到整个固定翼无人机内部结构的设计。

知识目标

● 了解草图设计。

素养目标

● 培养学生耐心好学的品质。

技能目标

● 学会使用草图工具处理翼型。

● 学会使用各种命令，完成机翼、机身和垂尾结构的设计。

● 学会使用图纸工具输出图纸。

我们现在知道航空业内一般用 CATIA 来做飞机设计的比较多，那么我们要学习无人机结构的设计，用 CATIA 该怎么实现呢？

技能点 1　翼型处理

我们首先学习利用草图工具绘制翼型。

单击"文件→打开"找到我们从 Profili 中导入的基本翼型数据文件。这时 CATIA 会自动进入工程图绘制模式，并打开指定的 DXF 文件，成功后如图 4-14 所示。按下鼠标左键，拖出选择框选择整个翼型曲线，当全部曲线变成橙色显示时，则表示选择成功，如图 4-15 所示。按下键盘"Ctrl+C"快捷键，或者单击菜单"编辑→复制"以将翼型存入剪贴板。

单击窗口，找到我们刚才创立的曲面文件，单击回到曲面造型界面，如图 4-15 所示。

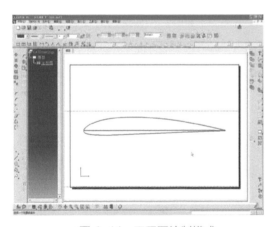
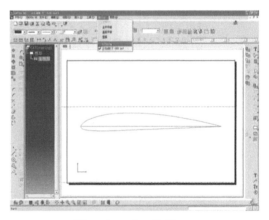

图 4-14　工程图绘制模式　　　　　　　　图 4-15　窗口选择

用鼠标左键单击左侧特征树下的"zx 平面"将其置于高亮，单击工具栏上草图绘制工具，进入草图绘制，如图 4-16 所示。

进入草图绘制模式后，先收拾一下工具栏，将其尽可能展开并放置在比较好看的位置上。这里有一点需要特别注意，找到工具栏上"网络"和"点对齐"图标，如图 4-17 所示。其功能分别是显示背景网格和网格节点的捕捉，类似 AutoCAD 下的栅格捕捉功能。一般我们用不到它，因此单击使其取消点亮状态。

按下"Ctrl+V"快捷键或者点击菜单栏"编辑→粘贴"就可以将刚才工程图模块中复制的翼型曲线复制过来。这时曲线会显示成黑色。在粘贴的过程中，我们可能会遇到

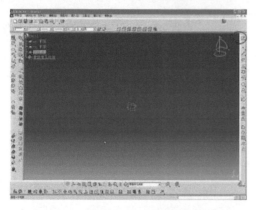

图 4-16　基于 zx 平面进行草图绘制

图 4-17　草图绘制界面

一个问题，按下粘贴键后，并没有看到翼型显示在屏幕中。不用着急，这时很可能需要进行一下屏幕的放大缩小操作，方法是：按住鼠标中键（滚轮），单击右键（注意不是按住不放），这时上下拖动鼠标即能完成屏幕的放大和缩小操作。顺便在此再讲一下屏幕的旋转操作，方法是：按住鼠标中键，然后按住右键，这时拖动鼠标即是屏幕显示的旋转操作。需要平移屏幕时，按住鼠标中键同时拖动鼠标即可。当我们需要回到草图的"法向"也就是从正上（下）方观察草图状态，单击工具栏上"法向视图"图标（图 4-18）。

　　这时，我们不需要对曲线进行任何处理，单击"退出工作台"图标完成基本翼型的导入，如图 4-19 所示。

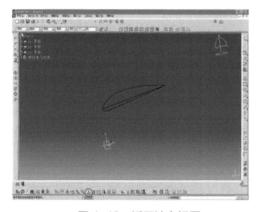

图 4-18　返回法向视图

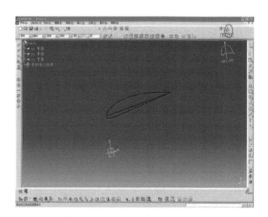

图 4-19　退出草图工作台

　　再次单击左侧特征树下的"zx 平面"，单击草图工具栏上"草图"图标。这时可以看到上一张草图已经成为了我们现在的背景。现在需要借用它一下，点击上一张草图中的曲线将其置于高亮，按下工具栏"投影三维元素"图标，这样可以把背景中的图线投影到当前草图中。如果投影成功，曲线会显示为黄色，如图 4-20 所示。

　　选择翼型表面曲线和翼弦线，点击"构造/标准元素图标"（图标 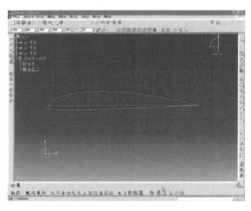），将其转化为虚线，如图4-21所示。虚线即"构造元素"，一旦退出当前草图，所有虚线将不再显示，就相当于我们作图时辅助线的作用。对虚线再次点击"构造/标准元素图标"，又可以把它改变回标准元素。

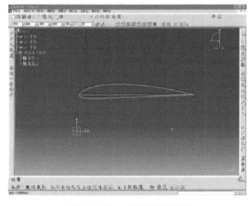

图4-20　草图翼型投影

图4-21　构造参考翼型虚线

　　在上面一步操作中，如果之前的那张草图有些碍事，影响了对曲线的选择，那么可以右键单击特征树下的上一个草图，选择"隐藏/显示"即可暂时隐藏掉，如图4-22所示。重复一遍这个操作，又可以把它再显示出来。

　　放大当前投影的翼型曲线，我们可以看到"CLARK-Y"翼型的后缘并不是尖的，为了相对作图准确，我们需要采用一定的辅助线方法。点击工具栏上"直线"工具，并移动鼠标到翼型后缘端点，这时鼠标箭头边会显示出端点捕捉的图标●，如图4-23所示。

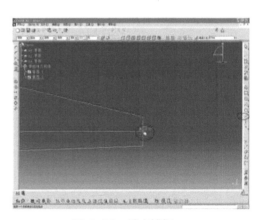

图4-22　隐藏/显示草图

图4-23　端点捕捉

　　从后缘点处单击鼠标左键后向上移动鼠标，随着鼠标位置的变化系统会自动绘制出一条直线。移动鼠标至后缘点正上方处，直线会变成蓝色，表示捕捉到垂直方向。再次单击左键完成直线的创建。如果直线显示为粗实线，不要忘记点击"构造／标准元素"将其转化为虚线（图 4-24）。

这时，我们可以看到一条绿色的虚线，旁边有一个"V"字（图 4-25）。绿色表示该直线约束完备，"V"表示 vertical 的意思，即这条直线与草图"竖直"方向平行。

图 4-24 绘制垂直参考线

图 4-25 约束完备的垂直参考线

下面，选择工具栏上的"样条线"图标，在捕捉到前缘端点后，间隔一定距离依次捕捉曲线上各点绘制翼型上表面曲线，如图 4-26 所示。由于前缘部分曲率变化较大，因此需要适当将点的数量增加。越靠近后缘，翼型表面曲线越接近直线，曲率变化较小，需要的控制点数也就越少。因为我们制作的是一个尺寸较小的航模，在绘制翼型表面曲线的过程中，不需要将曲线的控制点

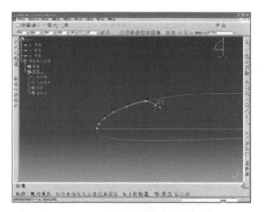

图 4-26 用样条线拟合绘制翼型

取得太密，这样既节省时间，又可以提高软件运行的速度。另外需要注意的是，在样条线绘制过程中不能进行"构造／标准元素"的转化。

在连接后缘点的时候，有两个方法。最简单的方法是直接利用捕捉，将鼠标端点移动至后缘处翼型曲线与绘制的竖直线相交点处，当图标显示捕捉信号，并且翼型曲线和直线都变为橙色时，点击鼠标左键就可以捕捉到合适的坐标点。然后连续两次按下键盘 ESC 键完成曲线绘制，如图 4-27 所示。

另一种方法是，将鼠标移动至任意一点，双击鼠标完成曲线绘制。之后，单击选择曲线最后生成的端点，在按住键盘 Ctrl 键同时选择我们画的那条竖直线。接下来点击约

束定义图标■，在弹出的对话框中选择"相合"并单击确定。这时我们会发现，刚才选择的点自动移动到了直线上。同时，其旁边出现了一个"○"表示与另一元素具有相合约束。接下来，再次选择这一点和上一层投影下来的翼型曲线，创建一个相合约束，如图 4-28 所示。两种方法效果完全一样，在完成约束创建后可以发现，端点变成了绿色，表示该元素被完全约束了。

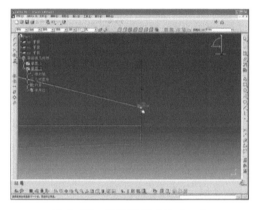

图 4-27　后缘绘制方法（一）

图 4-28　后缘绘制方法（二）

　　按照以上方法同理可以完成翼型下表面曲线的绘制。需要注意的一点是，CATIA 软件中定义，如果一个点在某条线段的延长线上，即使该点没有落在线段内部，仍然认为该点与线段"相交"。也就是说，绘制下表面后缘点时，没必要再绘制一条向下的参考竖直线。只需利用之前那条即可。最后，利用一条直线连接上下曲线在后缘处的端点，单击退出草图图标，完成整个翼型的绘制，如图 4-29 所示。

　　以上步骤完成后，我们可以看到描点得到的新翼型草图。为了后面使用过程中不至于搞混，我们可以通过右键点击将原始翼型草图隐藏起来，如图 4-30 所示。

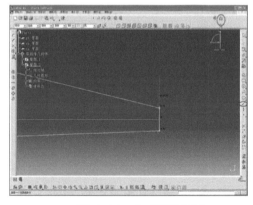

图 4-29　完成翼型绘制

图 4-30　新翼型草图

可能会有细心的读者要问，为什么我们不直接利用导入粘贴过来的翼型，而非要在它上面"描"一个出来呢？答案是：直接导入的翼型在 CATIA 里面被认为是一条多段折线，因为它的控制点数很多，所以看上去接近于曲线。在它的上面用样条线描一遍，使其成为一条真正的光滑曲线。光滑曲线的控制点数量远少于多段折线，在生成后面的整体模型时运行速度能够快很多。

技能点 2　机翼中段设计

我们完成了翼型的导入，接下来将要进行机翼的绘制。

首先绘制的是机翼中段结构部分，图 4-31 所示为已经绘制好的机翼中段结构示意图。中段机翼主要采用轻木和桐木两种材料，翼梁部分采用层板进行加强。机翼中段是全机在飞行过程中承受载荷力最大的部分，因此在其结构设计上必须充分考虑载荷传递的要求。图 4-31 中，蓝色部分为桐木，绿色部分为层板，橙色部分为轻木，黑色为碳纤维销，蒙板处的轻木为了显示内部结构方便而设置为透明。

中段机翼通过前缘处两个碳纤维销和后缘处的两个螺栓与机身连接，向机身结构传递机翼扭矩和不对称升力产生的弯矩。内外翼之间的弯矩通过翼梁处的层板加强件（图中没有绘出）传递，扭矩通过蒙皮处和内外翼过渡加强肋之间的粘接部分传递。

然后，我们进入零件的绘制过程。为了给后面的零件的绘制提供一个基准，我们先绘制一个机翼中段结构的俯视图，如图 4-32 所示。选择左侧特征树最上面的 xy 平面，点击工具栏草图绘制图标进入草图绘制模式。先用直线或矩形工具绘制出机翼的平面形状。

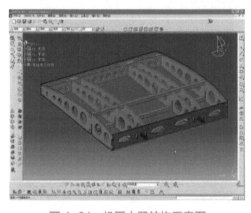

图 4-31　机翼中段结构示意图

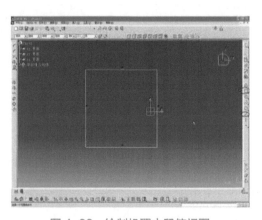

图 4-32　绘制机翼中段俯视图

在没有利用捕捉的一般情况下，生成的所有支线一般都是白色的，表示没有约束充分，线条可能会因为操作而改变位置或者长度。可以注意到，直线上的"H"图标表示该条直线与草图水平方向平行。前文提到过，"V"图标表示直线与草图竖直方向平行。这两种约束都是自动生成的。

下面创建其他必需的约束条件。首先，我们需要通过快速约束工具确定记忆中段的尺寸，先单击工具栏上的快速约束按钮 🔲，然后依次选择两条平行的直线。这时会生成一个活动的箭头，旁边附有两条线之间的距离。将其拖拽到合适的位置，然后单击鼠标左键就可以完成距离约束的创建。

可以注意到在上述过程中，点击第一条直线时也会出现一个标注的箭头。此时产生的约束是一个长度约束。长度约束和距离约束在使用中会略有不同，后续遇到这个问题我们再详细说明。

完成标注后，双击箭头旁边的数字就可以在弹出的窗口中修改尺寸值，如图4-33所示。

有可能会遇到这样的问题：如果使用直线工具绘制图形，在不小心的时候也许会画得四边形对边不平行。此时如果使用快速约束工具，系统默认是进行角度的标注。因此需要采用手动方式创建约束。

首先按住键盘 Ctrl 键，依次选择想要标注距离的两条直线（图4-34）；然后点击工具栏上的手动创建约束图标 🔲，在弹出的窗口中选择距离；软件会自动将原本不平行的直线改为平行，并标注两直线之间的距离。

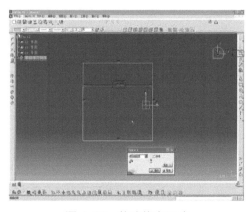
图4-33 修改约束尺寸

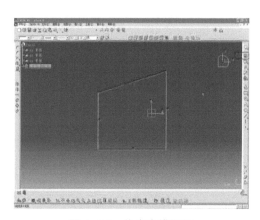
图4-34 约束直线平行

机翼中段展长为150mm，弦长为200mm。在完成尺寸的标注后，直线仍然是白色的，说明约束仍然不完备。如果用鼠标拖动标注完的图形，可以发现图形的空间位置可以随意改变。因此，我们下一步将要创建图形的空间位置约束。

同时选择四边形最右侧的直边和草图的纵轴，然后点击手动创建约束图标，选择相合，如图 4-35 所示。这样完成了图形水平方向位置约束的创建。相合约束创建完成后，具有相合关系的两条直线旁会显示一个相合约束图标"○"。当与坐标轴设置相合约束时，坐标轴处的相合标志会自动隐藏。当鼠标移动至一个图形上的相合约束标志时，会自动高亮显示两个相合元素。选择一个元素旁的相合标志将使另外一个元素旁的相合标志也变为高亮显示。这在复杂的图形修改过程中是很有用的。

我们设计的机翼是对称的，因此我们还需要创建一个对称约束。对称约束的创建有着固定的点击顺序要求：依次选择机翼左右翼梢处的直线 1 和 2，然后选择草图中的水平轴线 3（图 4-36），再通过手动约束按钮创建"对称"约束。直线选择的先后顺序将关系到哪条直线成为对称轴，因此需要特别注意。对称约束创建后，可以看到满足对称关系的两条直线上标有"◄|►"图标。

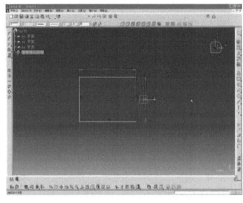 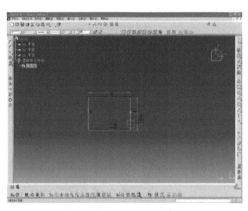

图 4-35　相合约束　　　　　　　　　　图 4-36　对称约束

接下来，需要为后续的零件设计进行准备，我们先要绘制出表示各零件相对位置的草图。草图主要内容和说明如图 4-37 所示。零件沿草图的水平轴上下对称，两侧外伸出来的 2mm 板件为内外翼连接加强梁。由于存在上反角，这里外伸的 80mm 只是一个示意，为了保证零件之间严格的配合，其最终尺寸将在外翼段绘制完成后确定。需要特别注意的是，虽然我们打算切掉中央翼部分的后缘，但仍需要在草图中保留中央翼弦长的标注（红框中的 200），之后还将用到它。

在绘制以上草图的过程中，可能需要用到这样两个工具：修剪和快速修剪。两个工具都是用于对交叉的直线进行修剪，在没有展开时，两个工具会和断开、关闭和补充工具集中在同一个按钮上，如图 4-38 所示，图标会显示为这五个工具中上次使用的其中一个。这样用起来十分麻烦，我们可以通过点击图标右下角的小三角将其展开，并拖动到需要的位置。

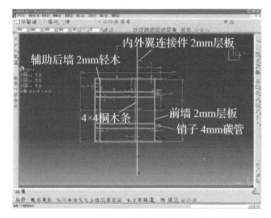

图 4-37 零部件相对位置草图

图 4-38 重新限定工具——修剪工具

先说修剪工具 ✂。使用修剪的时候，会注意到工具栏上会显示出一个供选择的图标——"修剪所有元素"和"只修剪第一个元素"。从名称上就可以看出区别，这里就不再赘述。选择修剪工具后依次选择需要修剪的两条直线，点击需要保留的那部分，就可以将直线交点之外的多余部分裁剪出去。需要特别说明的是，修剪除了有剪去直线多余长度的功能外，还可以将直线延长，使之与另一条直线相交并进行修剪（延伸），如图 4-39 所示，这个功能用起来十分方便。

"快速修剪"工具则是在选中工具后需要直接点击需要修建的部分。可选功能有"断开并内部擦除""断开并外部擦除""断开并保留"，如图 4-40 所示。从三个功能的图标上就能够很清楚地明白选项的意思。

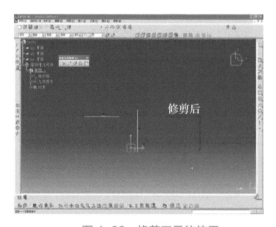

图 4-39 修剪工具的使用

图 4-40 快速修剪工具

在擦除的过程中，可能会遇到这样一个问题。如图 4-41 所示，正打算擦除掉线段 AC 中的 AB 段时，弹出一个对话框"无法修剪加长的元素，希望将长度转化为距离吗？"。这是由于线段 AC 在创建约束时使用的是长度约束，擦除操作将改变线段长度，因此与长度约束矛盾。这里只要选择时就自动将线段长度约束转化为对线段 AC 两个端点之间距离的约束，并同时修剪掉线段 AB。

当完成上面的擦除操作后，会发现如果用鼠标拖动点 A，A 点会随处乱跑，并不在过线段 BC 的延长线上。这是因为刚才的操作只是将距离约束转化为长度约束，并没有对 A 点的位置进行规定。这时如果需要保证擦除前的相对位置，只需要先后选择 A 点和线段 BC，创建一个相合约束即可，如图 4-42 所示。

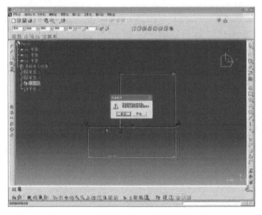 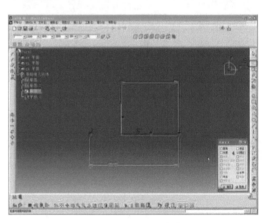

图 4-41　快速修剪工具的使用　　　　　　图 4-42　重新约束

在完成了参考草图后，点击退出草图工作台按钮。接下来将我们画好的翼型移动到对应的参考位置上。点击平移工具，在弹出的对话框中选择向量定义（即移动方式）为"点至点"。然后依次从左侧特征树上选择描点得到的翼型草图（此处是草图 2），或者直接选择描点得到的翼型曲线（参考图 4-43 上标注的 2A 或 2B），确定需要平移的元素。再选择草图上的前缘点作为起点，参考草图上最外侧的前缘点作为平移的终点，点击"隐藏 / 显示初始元素"，最后点击"确定"就可以完成平移操作。隐藏掉移动前元素的过程也可以在完成平移后在特征树上进行。有时我们在选择了平移终点后发现平移起点不对，或需要平移的元素不对，只需要单击将代表相应元素的文字框，然后重新选择元素即可。

接下来，需要将翼型曲线缩放到需要的大小，如图 4-44 所示。首先选择缩放工具，元素选择刚刚移动到位的曲线。参考点，即缩放前后坐标不发生改变的点，选择翼型前缘点。缩放比率在这里我们有两种做法。第一种方法简单，可以直接输入 0.4，因为在初始导出的时候翼型弦长正好是 500mm，这里弦长设计为 200mm，相除正好是 0.4。

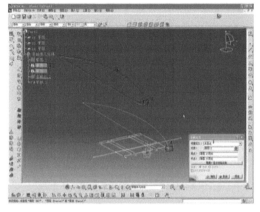

图 4-43 平移翼型

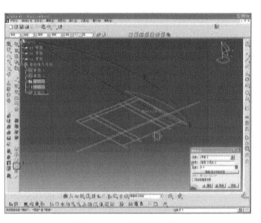

图 4-44 缩放翼型

另外还有一种办法，就是让 CATIA 来替我们计算这个除法。在这里可能略显多余，但将来如果绘制梯形机翼则会用处很大。首先需要对图 4-45 所示过程中描出的翼型曲线进行一下处理。从特征树中双击草图进入编辑状态。先后选择翼型前缘点和后缘点，直接创建一个距离约束。这时的约束是紫色的，表示该约束为"过约束"，即该约束与已有的约束存在赘余或是矛盾。双击这个约束，在弹出的约束定义对话框中将"参考"打上钩后，就可以发现该约束变成了绿色。

然后选择缩放工具，在刚才的比率文字框中，单击右键，选择编辑公式。如果弹出菜单"您希望将新的关系附加到 Current 线性容器中去吗"，选否。在公式编辑器菜单（图 4-46）中，保持最左边选择框中选择的"参数"不变，在中间选择框中找到长度。在右侧选择框中找到当前机翼的弦长，本例中是"零部件几何体 \ 草图 .3\ 偏移 .217\Offset"（不同的作图顺序可能会造成编号的不同，后同）。在找这个尺寸时可以看到，每选择

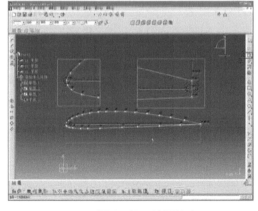

图 4-45 编辑约束

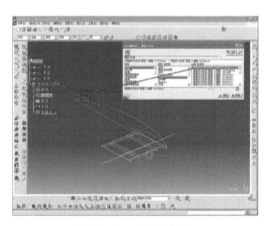

图 4-46 公式编辑器

一个，相应地在背景窗口中都会显示该尺寸标注的位置，所以不难找。双击找到的这个尺寸，让它出现在从上往下数第二个文字框中。通过键盘在其文字框后面输入一个"/"表示除法关系，然后再找到刚刚标注的原始翼型弦长，这里是"零部件几何体\草图.2\偏移.22\Offset"，双击让它进入文字框中，单击确定。

这个时候可以发现，原来比率一栏的文字框变成了灰色，右侧出现了一个写着"f（x）"的按钮。当我们需要修改对原来公式的定义时，直接点它就可以。如果需要取消公式，则在灰色的文字框处单击鼠标右键，选择"公式→取消"即可，如图 4-47 所示。

为了方便理解下面几步的具体操作，这里先讲一下它的用意。由于这架无人机的机翼外段存在一个 3° 的上反角，如图 4-48 所示。如果机翼内外段翼肋全部垂直于翼弦平面的话，将造成内外两段机翼翼肋存在一个很小差别。为了保证对接的准确性，中段翼肋应该是外段翼肋旋转 3° 后的一个投影。在上反角不大的情况下，为绘图方便可以省略掉这个几何关系。不过这里为了深入了解 CATIA 作图，就把它做得稍微准确一些。我们在这里将外翼段翼肋采用标准翼型，而在内翼段采用这个翼型的投影。

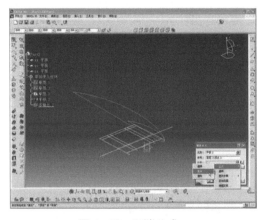

图 4-47　取消公式

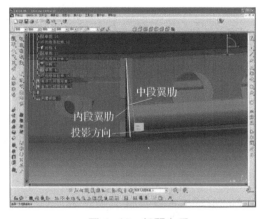

图 4-48　机翼上反

下面就通过具体操作实现上述步骤中的内容。首先从点工具集合下面点击右下的小三角找到极值工具，如图 4-49 所示。在弹出菜单中的元素选择上一步缩放后的翼型曲线，在方向文字框中单击右键选择"Z 轴"，后面的选项中选择最大，单击确定即可得到翼型曲线在"Z 轴"方向的最高点。

接下来需要创建几个有用的平面。首先选择平面创建工具（图 4-50），在平面类型中选择"平行通过点"，在"参考"文字框中单击右键选择"zx 平面"，"点"选择刚才创建的极值点，然后确定。为了便于以后的查找，我们可以将其在特征树上的名称进行修改，选择"属性→特征属性"，将特征名称修改为"内翼外侧平面"。

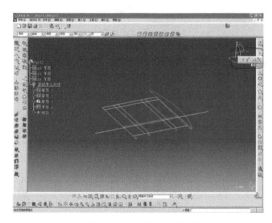

图 4-49　点工具集合

图 4-50　平面创建按钮

接下来点击选择旋转工具（默认情况下隐藏在平移工具下面的小三角里，如图 4-51 所示），选择模式为"轴线 – 角度"，点击元素文本框后的"多输出"按钮，选择缩放后的翼型曲线和刚刚创建的内翼外侧平面（图 4-52）。在"轴"定义的文本框中单击右键，选择创建直线。

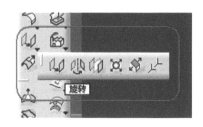

图 4-51　旋转工具

图 4-52　旋转定义

在弹出的对话框中选择线型为"点 – 方向"，定义点为刚创建的极值点，方向文本框中点击右键选择为 X 轴（图 4-53），然后不用处理其他选项，单击确定回到"旋转定义"对话框，角度输入 3 并确定（图 4-52）。

这时可以看到，特征树下刚生成的"多输出 ×"项目前有个"+"号，点击这个"+"号可以看到里面包含两个旋转项目，分别就是旋转后翼型曲线和平面，这两项将作为绘制外翼时的基准翼型曲线和基准平面。另外还有一个隐藏直线项目，它是刚才我们在旋转过程中创建的旋转轴线，可以不去管它。为了便于以后的查找，也将其特征名称分别修改为"外翼基准翼型"和"外翼基准平面"，如图 4-54 所示。

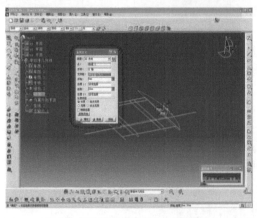

图 4-53　创建旋转参考直线

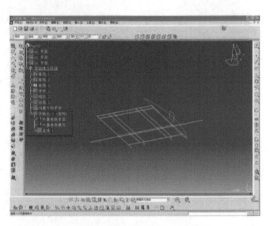

图 4-54　修改特征名称

接下来需要将外翼基准翼型基准曲线投影回来。选择投影工具（图 4-55），将投影类型设置为沿某一方向。"投影的"选择外翼基准翼型（图 4-56），"支持面"选择内翼段最外侧平面，方向通过右键选择"Y 轴"，不用改动其他选项并点击确定。之后将其特征名称修改为"内翼基准翼型"。

以上机翼内段结构绘制的准备工作已经就绪，而且我们也熟悉了各项基本操作，下面马上加速完成结构设计。首先从菜单中选择"插入→有序的几何图形集"，名称定义为"内段结构"，父对象选择"Part××"并确定。这样后面生成的结构零件可以保存在这个几何图形集中，避免文件过于庞大而让人眼花缭乱。

图 4-55　投影工具按钮　　　图 4-56　投影外翼基准翼型

技能点 3　外侧翼肋的设计

接下来开始绘制最外侧的翼肋。点击内翼最外侧平面，以其为基准绘制草图。首先需要将"零件相对位置草图"中，与最外侧翼肋有关系的其他零件投影或是相交（方框中为相交工具）过来，并调整为构造元素，如图 4-57 所示。紧接着，将内翼基准翼型投影下来。然后点开三维显示工具集合，选择最下面的"无三维背景"，使所有无关元素隐藏掉，如图 4-58 所示。

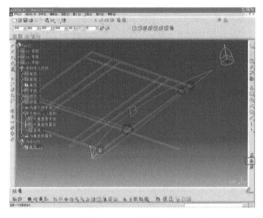

图 4-57 投影相交工具

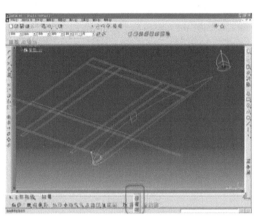

图 4-58 三维显示工具

通过直线工具，结合裁剪并创建与刚才获得的投影点设置相合约束，便可以绘制出翼肋考虑榫槽布置的外形线，通过创建一定的距离或者长度约束，使所有曲线都变成绿色（图 4-59）。然后通过连接随意绘制的几条与草图纵轴平行，且上下两端与翼型曲线相交的线段中点获得近似的翼型中弧线（图 4-60）。通过使用偏移工具，设置减轻孔距离翼肋边界的距离（图 4-61）。最后利用圆工具绘制圆心位于中弧线上的圆形减轻孔，通过与刚才偏移的翼肋外形线创建相切约束，并设置各圆之间的距离约束，最终获得翼肋的结构草图（图 4-62）。

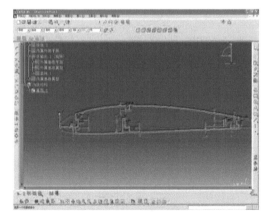

图 4-59 翼肋外形

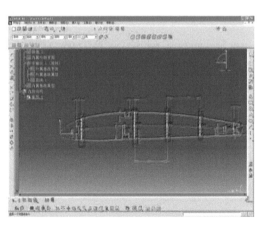

图 4-60 翼型近似中弧线

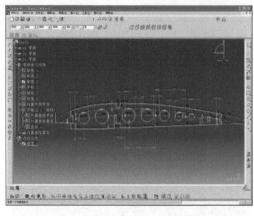

图 4-61　绘制翼型减轻孔

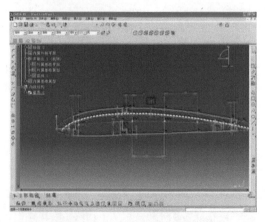

图 4-62　最终的翼肋结构草图

选择包络体拉伸工具（图 4-63），轮廓选择刚绘制的草图，长度输入 2，单击"预览"看看拉伸方向是否是向内侧；如果反了则点击"反转方向"按钮，之后点击确定，即可生成第一个三维翼肋。

如果弹出"草图没有封闭"的提示，这时还需要重新打开草图进行一下修改，确保草图的封闭。其操作流程如下：双击特征树上的草图再次进入草图编辑状态；选择菜单栏"工具→草图分析"，如图 4-64 所示；在弹出的对话框里，可以找到状态显示为"已隔离"或者"已打开"的几何体，将它通过下面的按钮删除或者是对草图进行编辑，使得所有几何体状态均为"已关闭"即可解决无法生成包络体的问题。

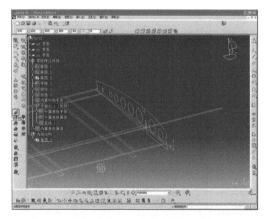

图 4-63　包络体拉伸工具

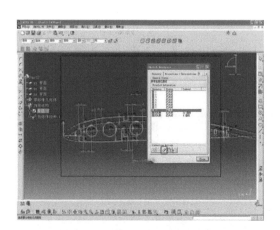

图 4-64　草图分析工具的使用

在设计过程中我们可以用不同的颜色对不同材料进行标识，点击特征树上刚刚生成的"包络体拉伸"特征，通过工具栏上的图形属性工具，可以十分方便地修改颜色，如图 4-65 所示。

使用对称工具（图4-66），选择刚刚生成的翼肋，参考"zx平面"进行对称，并选择"体积"方式。这样，对称面另一侧的一个翼肋也直接完成。接下来参考最初的平面草图，依次在每一个翼肋位置处完成"创建平面→绘制草图→包络体拉伸→对称"这样的顺序，完成其他翼肋的绘制。在草图的绘制过程中，可以从之前完成的草图上直接投影相关的元素（如"减轻孔"）到当前草图，这样可以节省许多劳动。此外，绘制草图的基准平面并不一定依赖平面工具创建的平面，借助现有"包络体"上面的某个平面，一样能够作为草图的基准。对于形状相同的翼肋，可以通过平移工具直接移动到相应位置。

 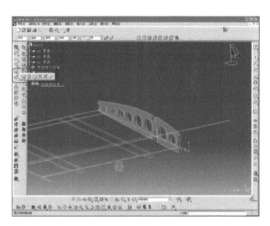

图4-65 修改颜色　　　　　　　　　图4-66 对称生成另外一个翼肋

按照相同方法，中段机翼的前后墙、翼梁上下凸缘都可以轻松完成。在绘制凸缘时，我们有可能会将上下凸缘在一个草图中同时画出。这样在进行包络体拉伸时会提示"结果中有两个未连接的子元素"。不用管它，因为我们就是要画两个不存在连接关系的图形，选择"保留所有子元素"即可。

机翼与机身连接的前缘碳纤维销，以及后缘处为日后打螺钉孔而填实的部分一并画出，如图4-67所示。这时如果觉得当前显示的模型已经被无用的草图、平面挤满的话，不妨使用"工具→隐藏→所有草图（所用平面）"批量隐藏不需要的元素，当然需要时也可以使用"工具→显示"下的相应命令取消隐藏。

图4-67所示为不同颜色所代表的材料，其中，蓝色部分为桐木，绿色为层板，橙色为轻木。在完成1.5mm轻木蒙皮的建模后，还可以通过工具栏上的图形属性工具修改其透明度为50%，这样其内部的结构也就一览无余了，如图4-68所示。这样，我们就完成了机翼内段主要零件的结构设计工作。

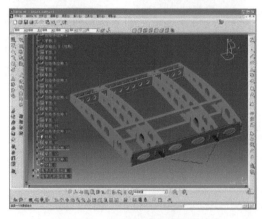

图 4-67　前缘碳纤维销及螺钉孔

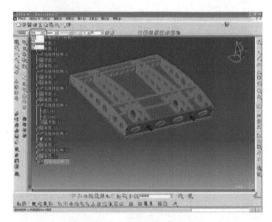

图 4-68　修改蒙皮透明度

技能点 4　机翼外段结构设计

下面进入机翼外段结构的绘制过程。

为了避免绘图结构的混乱，在绘制外翼结构之前同样需要新生成一个几何图形集。选择菜单"插入→有序的几何图形集"，在弹出窗口中将名称修改为"外段结构"，父对象设置为 Part×× （如 Part1）。

接下来需要从之前绘制的图形中借一些来使用。按住 Ctrl 键分别选中之前在"零部件几何体"下面绘制的"内翼外侧平面""外翼基准翼型"和为绘制内外翼上反关系而创建的极值点（图 4-69）。

图 4-69　多选几何图形集

单击右键选择复制，再在特征树上的"外段结构"上单击右键，选择"特殊粘贴"，在弹出的窗口中选择"作为使用链接的结果"，单击确定。用这个方法复制的特征，只相当于一个"链接"。表示链接特征的图标其左下方会有一个箭头。为了后面好描述，我们可以通过属性窗口将链接的那个点命名为"上反基准点"。

对于链接特征而言，如果其引用的特征，比如用来生成"外翼基准翼型"的旋转特征角度发生变化的时候，链接特征也会自动改变。再具体一点来说，就是如果无人机试飞后我们发现上反角不够时，只要修改一下与定义上反角有关的特征属性后，链接特征及以它为基准的所有特征都会发生变化。以上说法或许有些抽象，当整个机翼绘制完成后，我们可以通过实际操作来详细理解一下它的意思。

由于下面进行的绘图操作与之前生成的几何图形集没有关系，为了绘图清晰，点击工具条上的"仅当前几何体"按钮，隐藏"零部件几何体"和"内翼结构"里面的特征，如图 4-70 所示。

图 4-70 "仅当前几何体"工具按钮

接下来开始绘制用于将外翼段各零件进行定位的参考平面图。以"平行通过点"方法，生成 yz 平面通过"上反基准点"的平行平面，将这个平面命名为"参考面 A"，并以其为基准开始作草图。

点击"构造/标准元素"按钮，将绘图状态设置为"构造元素"。投影"上反基准点"，然后通过该点作一条水平直线。再将绘图状态转为"标准元素"，通过投影点绘制一条任意角度的直线，这条直线和水平构造线之间生成一个"角度约束"，如图 4-71 所示。

双击角度约束，在"值"后面的文字框中单击右键，选择"编辑公式"。在"您希望将新的关系附加到 current 线性容器中吗？"提示下选择否。在公式编辑器窗口打开的基础上，从左侧特征树上找"零部件几何体→多输出.×（旋转）→外翼基准平面→角度"特征（图 4-72），并单击角度特征。注意到公式编辑器窗口中显示"零部件几何体\多输出.1（旋转）\外翼基准平面\角度"后，单击确定。这样，就将这里使用的角度和之前确定的上反角度联系在了一起。

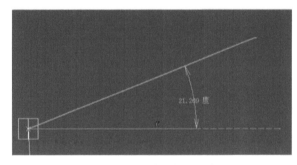

图 4-71 构造角度约束

图 4-72 修改基准平面角度

退出草图，选择平面工具，以通过两条直线方式生成平面。直线 1 选择刚刚生成的草图，在直线 2 后面单击右键选择"X 轴"。确定"不允许为非共面直线"前没有被打钩，然后单击确定（图 4-73）。这里可以注意到，虽然从空间几何上考虑，刚刚生成的草图和 X 轴是不共面的，但因为这里没有选择"不允许为非共面直线"。实际上软件是以"通过直线 1，作平行于直线 2 的平面"方式，生成的所需平面。为了便于以

图 4-73 构造外翼基准平面

后查找，通过"属性"窗口将这个平面命名为"外翼基准平面"。

以"外翼基准平面"为参考面绘制草图。首先投影下来外翼基准翼型，然后在它的基础上完成外翼的外形投影绘制。外翼段基本半翼展（不含翼尖）为 560mm，肋间距为 80mm。从内侧向外侧开始依次为每个翼肋命名，1 号肋为最内侧翼肋，8 号肋为最外侧翼肋。除 4 号肋因为安装舵机架需要加强而采用 2mm 桐木外，其他翼肋采用 2mm 轻木材料（注意修改颜色）。翼肋上下凸缘的弦向位置参考中段基准平面图，将其相应直线投影下来后，将预定表示凸缘位置的直线与其设置相合约束即可。由于 1 号翼肋与当前基准平面不垂直（因为上反角的关系），因此不在此基准草图中画出 1 号肋的厚度。外段机翼整体效果如图 4-74 所示，绘制完成后通过属性窗口将其改名为"外翼基准平面图"。

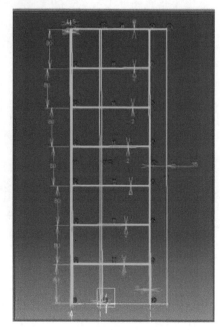

图 4-74　外翼基准平面图

前缘部分的局部放大图如图 4-75 所示，图中黄色线为投影下来的外翼基准翼型。由于飞机前缘闭室采用 1.5mm 轻木蒙板，因此需要在基准翼型前缘再向外偏移 1.5mm 作为真实机翼的前缘位置。从工艺上考虑，前缘是由两层 2mm 轻木片分两次粘贴并打磨而成，因此需要从前缘处向内侧偏移 4mm 作为翼肋前缘的位置。

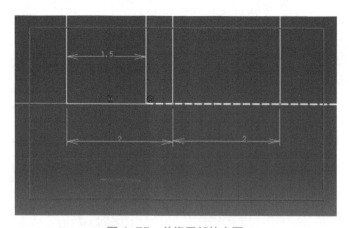

图 4-75　前缘局部放大图

外翼的翼尖可以采用如下画法：先画出其后缘和侧缘的直线，并进行尺寸约束；然后用样条线工具，连接折现端点和最外侧的前缘点；双击刚刚生成的样条线，在弹出的样条线定义窗口中一次选择控制点 1 和控制点 2，分别将下方的相切属性选中，这时可以看到样条线的两个端点处出现了一个箭头，如图 4-76 所示；选择 A 点处的箭头，设置其与翼尖侧缘的相合约束，再选择 B 点处的箭头，设置其与前缘线的相合约束，如图 4-77 所示，这样，就完成了翼尖前缘处的圆角过渡。

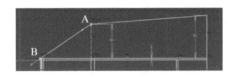

图 4-76　连接后缘和侧缘

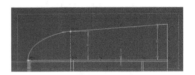

图 4-77　圆角过渡

下面开始准备生成每个翼肋的侧基准平面。以参考面 A 为基准绘制草图，直接投影外翼基准翼型成为标准元素。此时由于该翼型曲线垂直于当前草图基准面，投影下来的结果会是一条线段。退出草图，以通过两条直线方式绘制平面。直线 1 选择外翼基准平面图中表示翼肋的边线，直线 2 选择刚画的草图，如图 4-78 所示。以此方法，依次生成 2 号、4 号、8 号翼肋的侧基准面（过程中直线 1 均选择外侧的翼肋边线），并通过属性窗口命名为 2~8 号面。

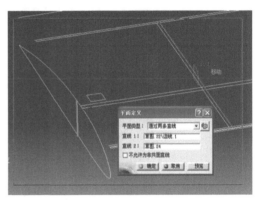

图 4-78　创建翼肋的侧基准平面

下面开始为绘制翼肋作一些准备。由于外翼段采用半蒙板工艺，翼梁作为区分蒙板与否的工艺分界点。在外翼段翼肋的绘制过程中，我们采用"从蒙皮向里"的绘图方法。现在先需要绘制蒙皮作为翼肋外形的参考。选择外翼基准翼型，找到工具条上的曲面拉伸工具，如图 4-79 所示，向外侧拉伸长度为 800mm，向内拉伸长度为 100mm（这里的两个长度只要保证超过机翼展长就可以）。

点击刚生成的拉伸曲面，选择工具条上的曲面加厚工具。如图 4-80 所示，在弹出的"厚曲面定义"窗口中，将第一偏移设置为 1.5mm，第二偏移为 0mm。同时需要注意绘图区出现的箭头指示，应该是向外的。如果箭头向里，点击它一下就可以改变方向。

接下来开始绘制翼型，选择 2 号面后点击草图工具。分别与加厚曲面上下部分的内外两面"相交"，得到四条曲线。与"外翼基准平面图"相交获得前后墙和翼梁、前缘位置的参考点。依靠几条参考点绘制竖直方向的直线，通过修剪工具与内外翼型曲线衔接得到翼肋的外形线，绘制过程中需要注意后缘处预留 2mm×3mm 后墙缘条通过的槽孔，最终结果如图 4-81 所示。

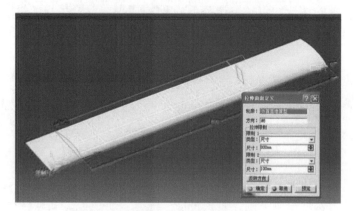

图 4-79　蒙皮绘制

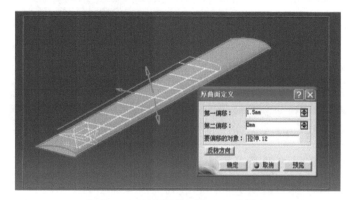

图 4-80　使用厚曲面定义构造蒙皮

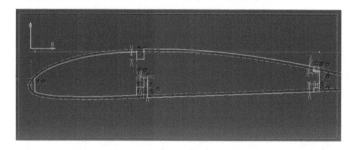

图 4-81　中段翼肋成型图

后面的操作与画中段翼肋时相同。在完成减轻孔的绘制后退出草图，使用包络体拉伸工具生成 2 号翼肋。由于平直翼各翼肋形状相同，为了简便，3~7 号翼肋采用阵列方法生成，如图 4-82 所示。选择刚生成的翼肋，点击工具条上的"矩形阵列"按钮。在"矩形图样定义"窗口中参数选择"实例和间距"方式，实例后填入 6，间距 80mm，参考元素选择"外翼基准平面图"上表示翼梁凸缘的边线。

完成阵列以后，需要对翼肋位置正确与否进行检查。找到并点击工具条上"法线视图"工具，点击"外翼基准平面图"的图标。视角会自动移动至与改图垂直的方向，检查翼肋是否正好落在基准平面图中表示翼肋位置的两条直线中间，如图 4-83 所示。

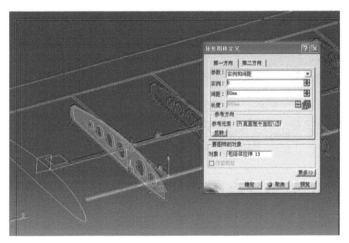 

图 4-82　矩形阵列绘制翼肋　　　　　　图 4-83　翼肋位置检查

下面以 8 号面为基准绘制最外侧翼肋。由于该翼肋要与翼尖连接，因此与其他翼肋相比多了一个"尾巴"，如图 4-84 所示。

接下来继续以 8 号面为基准，分别绘制作为翼梁上下凸缘的 4mm×4mm 桐木条和作为后墙上下缘条 2mm×3mm 桐木条横截面草图，如图 4-85 所示。为了省事，可以在同一个草图中完成四个截面的绘制。

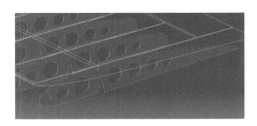 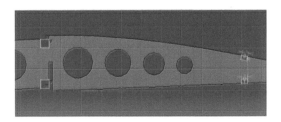

图 4-84　最外侧翼肋　　　　　　图 4-85　绘制翼梁和后墙上下缘的桐木条

如图 4-86 所示，使用包络体拉伸工具，在限制 1 中类型选为"处理元素"，在"处理元素"文字框内填入"内翼外侧平面"。点击确定后，会出现提示"结果几何图形由 4 未连接的子元素构成"，这是由刚才的草图中出现了四个封闭且不相交的线框轮廓造成的。在对话框中选择"保留所有子元素"，单击确定。这样做会给未来生成图纸带来一点麻烦，但由于缘条均采用固定几何截面的"型材"制作，不需绘制激光切割图，因此这里从绘图方便出发不作更改。

前面曾经提过,外翼段 1 号肋与"外翼基准平面"不垂直,因此需要单独绘制。以内翼外侧平面为基准绘制草图,然后包络体拉伸。绘图时需要特别注意的是,1 号肋在翼梁凸缘前后都需要设置开槽,如图 4-87 所示。翼梁后的槽用于插入外段翼梁腹板,翼梁前的槽用于插入中段机翼延伸出的内外翼连接件。

图 4-86 翼梁和后墙的拉伸

图 4-87 1 号翼肋

下面分别以翼肋的前后两面为基准,绘制机翼的前缘和后墙,如图 4-88 所示。这里可以发现,在选择草图基准面时,不仅可以使用"平面"工具创建的平面,还可以直接利用包络体的某个平面。

同理,翼梁腹板也可一气呵成完成绘制,如图 4-89 所示。绘制过程中留意在 4 号肋和 5 号肋之间不要开减轻孔,因为该处需要安装副翼舵机架。

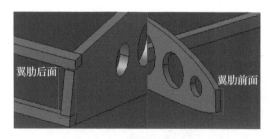

图 4-88 机翼的前缘和后墙

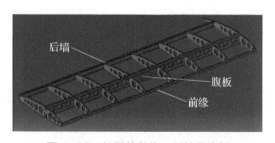

图 4-89 机翼的前缘、后墙和腹板

经过上述各种操作的铺垫,翼尖和绘制过程将十分简单。首先以"平行通过点"方式以最外侧的 8 号肋后缘处最高点为基准,生成"外翼基准平面"的平行面,如图 4-90 所示。

以该平面为基准绘制草图,将"外翼基准平面图"中的翼尖外形投影到当前草图,并进行适当修改后加以绘制减轻孔,并为定位支撑翼尖的三角片绘制榫槽,

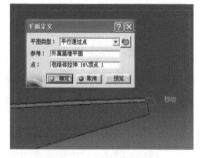

图 4-90 外翼基准平面

如图 4-91 所示。再以榫槽侧面为基准绘制草图，完成前、后、上、下共四个支撑三角片的绘制，如图 4-92 所示。最后翼尖的完成效果如图 4-93 所示。

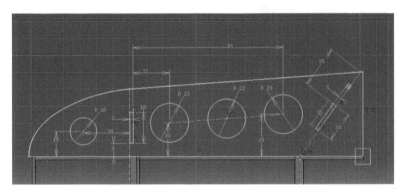

图 4-91　外翼草图

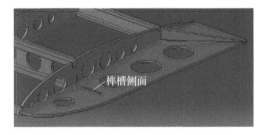

图 4-92　支撑三角片绘制

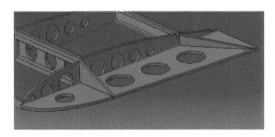

图 4-93　翼尖完成效果图

位于 4 号肋和 5 号肋之间的舵机架绘制方法与翼尖并无太大差别，在此不再赘述。完成后的舵机架如图 4-94 所示。

接下来生成机翼前缘部分的蒙板。利用"偏移平面"方式创建平面，参考平面选择翼梁凸缘的前面（图 4-95 中红色面），距离偏移为 0。选择分割工具，弹出图 4-96

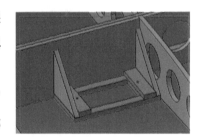

图 4-94　舵机架

图 4-95　蒙板参考平面

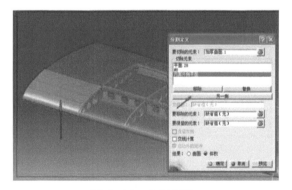

图 4-96　分割曲面

所示的对话框。对话框中"要切除的元素"选择之前通过"曲面加厚"工具生成的蒙皮，"切除元素"依次选择上一步生成的平面、8号面及内翼外侧平面。在每选择一个平面后，背景中切除掉的部分会以半透明方式显示。这时如果发现需要保留的部分被变成了半透明，可以点击"另一侧"按钮，转换切割与保留下的部分，如图4-96所示。

利用草图和包络体拉伸工具完成副翼的建模，如图4-97所示。

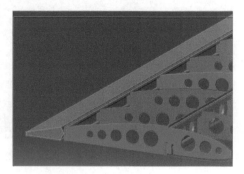

图4-97　副翼建模

为了美观，可以利用对称工具快速生成另外一侧的机翼。选择对称工具后，在弹出窗口中点击多选按钮（图4-98），依次从特征树或者直接选择外侧机翼的各个零部件（不需要选择草图、平面等特征），参考选择"zx平面"。点击确定后，另一侧机翼也轻松完成。

图4-98　机翼对称建模

最后，不要忘记内外翼之间还需要有一块层板连接内外翼梁，如图4-99所示，可利用草图和包络体拉伸工具轻松完成。从结构传力的角度考虑，这块内外翼连接板需要贯穿中段机翼，穿过外翼段1号肋，与外翼翼梁和2号肋粘接。

完成这一步后，所有机翼的设计绘图工作全部完成。机翼整体效果如图4-100所示。

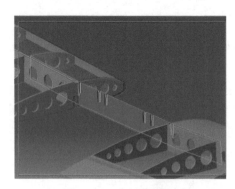

图4-99　内外翼连接板

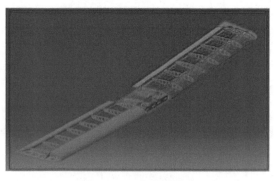

图4-100　机翼整体效果图

回忆一下前文内容，我们曾经说过，在飞机试飞后如果发现机翼上反角不够的话，可以通过修改参数快速完成机翼结构的修改。现在，我们就进行具体操作。通过左侧特征树找到零部件几何体下唯一的一个"多输出旋转"特征，双击将其打开，如图 4-101 所示。

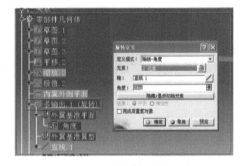

图 4-101　修改机翼上反角

修改角度数值为 6°，单击确定。如果所有步骤的绘图都十分标准的话，稍等待 1~2s，软件就会按照新的上反角度，自动生成所有的结构。如果点击确定后程序报出错误，这多是由于之前的绘图过程中有些过程不太规范造成的。这时只要根据提示修正错误，其他的工作软件都可以自动完成。机翼 6° 和 3° 上反角对比如图 4-102、图 4-103 所示。

图 4-102　机翼 6° 上反角

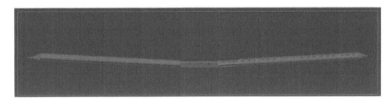

图 4-103　机翼 3° 上反角

这个就是 CATIA 参数化设计的一大优点。当完成建模后如果需要进行某些参数的变更，修改参数后其他工作完全由软件自动完成，省去了过去 CAD 时代修改一个参数全部图纸就要重画的烦琐步骤。

至此机翼结构设计及建模工作全部完成。

技能点 5　机身外形轮廓设计

CATIA 的优点除了我们之前谈到的参数化设计外，强大的曲面设计功能使其能够适应包括航空航天在内的各种工业产品建模要求。通过学习了解机身的外形设计过程，可以从中感受到 CATIA 在曲面建模方面的独特魅力。

下面开始机身部分的建模工作。首先需要进行的工作是把 CAD 下的俯视图和侧视图导入，作为机身建模的参考。

通过菜单"文件→打开"打开飞机的三面图。按下鼠标拖动矩形选框，选择飞机的侧视图。选中后，线条会以高亮度显示，如图 4-104 所示。单击右键选择复制。

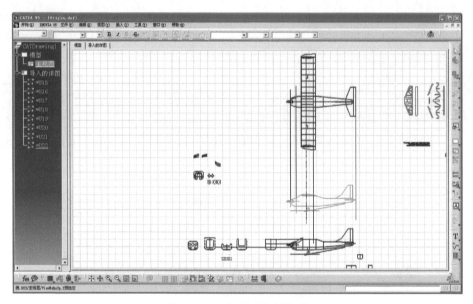

图 4-104　复制图纸侧视图

利用"窗口"菜单回到建模中的 CATIA 文件。参照之前绘制机翼时的步骤，以 Part 为父对象创建几何图形集，将其命名为机身。选择"zx 平面"并点击草图工具进入草图绘制模式。选择菜单"编辑→粘贴"或直接按 Ctrl+V 键将飞机的侧视图粘贴过来。这时如果找不到粘贴结果，可以点击工具栏上的"适合全部"图标（图 4-105）。

图 4-105　"适合全部"工具

按下鼠标左键，利用矩形选择框选择粘贴过来的侧视图（图 4-106）后，在图上任意一点按下左键可以对其位置进行拖动。参考现有机翼的位置将其拖动到位。这个步骤只用来作为后续建模时候的参考，因此不用追求位置的绝对准确。按照同样的方法，以"xy 平面"为基准绘制草图，将飞机的俯视图也复制过来。

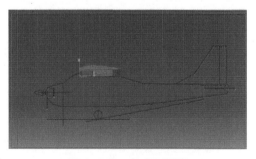

图 4-106　机身侧视图

再次以"xy 平面"为基准绘制草图，参照刚才复制过来的俯视图完成准确的机身俯视草图绘制。尺寸的设置可以参考图 4-107。在绘制机身俯视草图的过程中，需要使用样条线工具。图 4-107 中的粗线均为样条线，细线为直线。设置样条线与直线之间平滑过渡的方法可以参考前面翼尖的绘制过程。

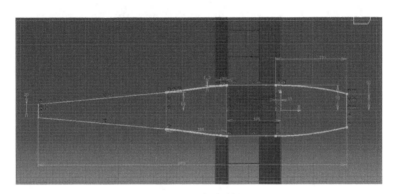

图 4-107　机身俯视图

接下来参考从 AutoCAD 复制过来的侧视图，以 zx 平面为基准绘制草图，将其作为飞机的侧视图。在侧视图的绘制过程中，注意要将上一步俯视图中飞机最前端一点和最后端一点分别通过投影工具投影到当前草图中。通过与投影下来的这两个点设置相合约束，使飞机侧视图上的前后限与俯视图相同。此外，为了保证飞机相对光顺的曲面外形，在侧试图的绘制过程中需要注意与机翼衔接部分的过渡。通过相交工具获得机翼上下表面与当前草图的交线（图 4-108 中黄线），并将其作为侧视图外形轮廓线的一个组成部分。

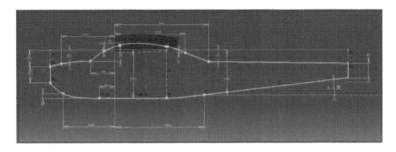

图 4-108　机身侧视图尺寸

技能点 6　机身截面外形设计

下面开始绘制飞机的每一个截面外形。利用绘制完成的俯视图和侧视图作为参考，按照生成参考平面（平行通过点方式或偏移平面方式）作草图的方法完成飞机的每一个剖面图。剖面图绘制过程中，利用投影相交工具 ⬛ 与俯视图和侧视图分别取与当前平面的焦点，得到每一个剖面的上下限和外侧极限位置。

为了绘图方便，这里可以只画出半个剖面就可以了，后续再用对称工具完成另外半边的绘制。另外，每一个剖面处的圆角过渡，可以用样条线工具完成绘制。这样可以很方便地画出"椭圆形"的倒角。图 4-109 所示为完成效果，图 4-110~ 图 4-115 所示为从后至前的每一个剖面。

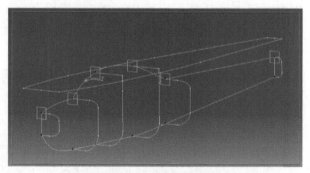

图 4-109　机身截面完成效果图

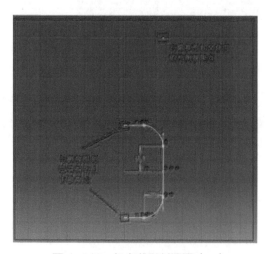

图 4-110　机身截面剖面图（一）

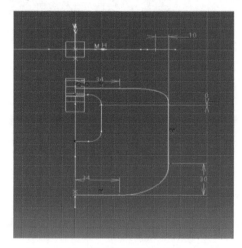

图 4-111　机身截面剖面图（二）

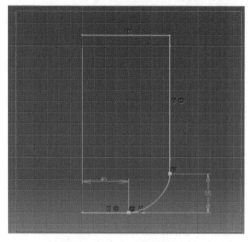

图 4-112　机身截面剖面图（三）

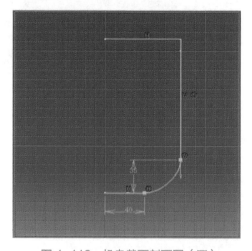

图 4-113　机身截面剖面图（四）

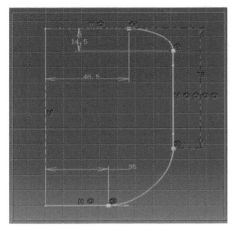

图 4-114 机身截面剖面图（五）

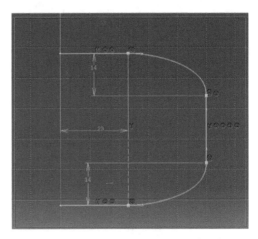

图 4-115 机身截面剖面图（六）

为了通过放样命令获得飞机的外形曲面，还需要绘制几条放样的导引线，其具体方法如下：首先选择工具栏上的多重提取工具 ，在弹出的"多重提取定义"窗口中，将"拓展类型"选择为"无拓展"；然后将图中所示的几段曲线（直线）选为高亮并单击确定，然后将生成的特征通过属性窗口命名为"上边界曲线"，如图 4-116 所示。按照同样方法，再提取如下两条直线：侧视图中下表面曲线和俯视图上的机身左边线，分别命名为"下边界曲线"和"外边界曲线"，如图 4-117 中红线所示。

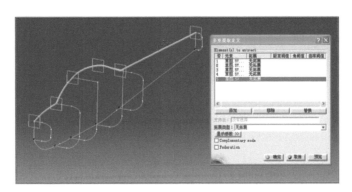

图 4-116 上边界曲线

下面继续画出几条放样需要的引导线。首先以 xz 平面为基准作草图，利用投影工具获得图 4-118 中红圈标出点在草图平面上的投影；再分别以两条样条线（样条线中需要增加点）和一条直线连接获得第一条引导线的侧视图。

接下来选择工具栏上的"混合"工具 ，

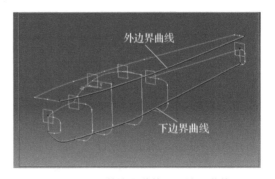

图 4-117 外边界曲线和下边界曲线

在"混合定义"窗口中，将"混合曲线类型"选择为"法线"，曲线1和曲线2分别选择上一步完成的草图和"外边界曲线"，是否选择"近接解法"均可，之后单击确定。这样，就分别以两条直线作为俯视图和侧视图，混合投影获得了又一条引导线，如图4-119所示。

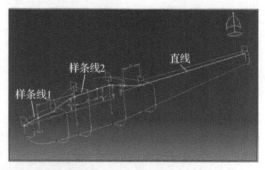

图4-118　第一条引导线侧视图

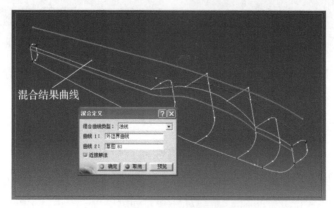

图4-119　混合曲线

按照上述方法，分别作出图4-120中的三条引导曲线。其中，曲线1需要在xy平面做草图，然后与"上边界曲线"混合；曲线2需要在zx平面做草图，然后与"外边界曲线"混合；曲线3需要在xy平面做草图，然后与"下边界曲线"混合。在这三条曲线的创建过程中需要特别注意的是：其草图绘制时，曲线必须依次通过每一个现有截面与当前草图平面的交点（交线），这样才能保证在混合后得到的曲线与每一个截面均有交点，这是放样过程中引导线需要满足的必要条件。建议在绘制草图过程中直接投影相应剖面曲线中圆角的端点以保证满足上述要求。图4-121所示为引导曲线2的草图曲线绘制。

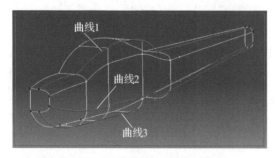

图4-120　机身外侧的三条引导曲线

图4-121　引导曲线2的混合草图曲线

下面将是激动人心的一步操作，飞机曲面外形将就此生成。选择工具栏上多截面曲面工具，然后以从前往后或从后往前的顺序依次选择每一个截面，确保每一个截面都被编号并记录在"多截面曲面定义"窗口中的第一个文本框中。另外还要注意观察背景上的每一个截面边缘处的箭头指向是否一致，如果其中有不一致的箭头，用鼠标单击它一下就能自动改为相反方向，如图 4-122 所示。

完成上述操作后单击"多截面曲面定义"窗口第二个文本框中的"…"以选择引导曲线。引导曲线的选择没有顺序关系，只要保证点击了之前通过"多重提取"和"混合"工具生成的每一条引导曲线即可。确认一下，引导曲线的数目应该是 6 条。在图 4-123 中，为了使图片清晰，只选择了引导曲线而没有选择各个截面。

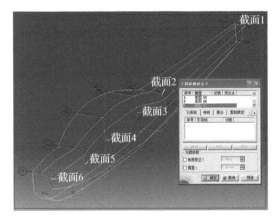

图 4-122　多截面曲面功能（一）

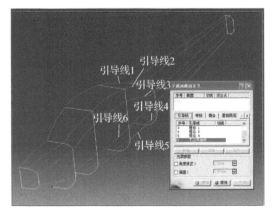

图 4-123　多截面曲面功能（二）

单击确定后，就能够得到机身的半个外形曲面。选择工具栏上"对称"工具，将上一步获得的多截面曲面参考"zx平面"进行对称镜像操作，由此就得到了整架飞机的完整外形曲面，如图 4-124 所示。

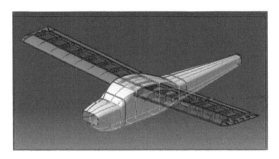

图 4-124　机身完整外形曲面

▶ 技能点 7　垂尾设计

平垂尾采用厚度为 8mm 桐木制作，使用平板翼型。由于没有曲面，平垂尾的建模过程相对而言就更加简单了。首先利用平面工具确定平垂尾的安装平面，然后参考 AutoCAD 中复制过来的俯视图或侧视图确定安定面的外形和桁架结构。之后再次以参考平面做草图，投影每一个桁架的边缘线，修剪为闭合曲线后退出草图，选择包络体拉伸即可依次生成桁架结构的每一根杆。舵面的生成方法也完全相同。垂尾尺寸如图 4-125

所示，垂尾效果如图 4-126 所示，平尾尺寸如图 4-127 所示，平尾效果图（对称）如图 4-128 所示。

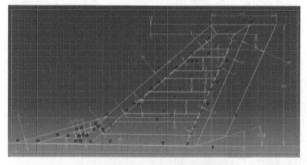

图 4-125　垂尾尺寸图

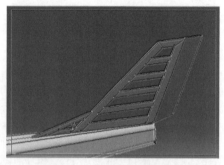

图 4-126　垂尾效果图

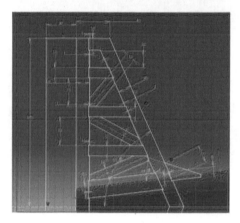

图 4-127　平尾尺寸图

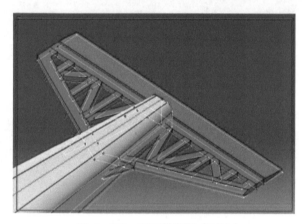

图 4-128　平尾效果图（对称）

技能点 8　机身结构设计

在完成了平垂尾结构设计后，下面开始进入结构设计的最后一个部分——机身结构设计。之前我们已经通过"放样"方式获得了机身的外形曲面，相当于完成了飞机的蒙皮，接下来就借助已生成好的蒙皮作为参考绘制机身内部的隔框。

为了便于机身内电子设备的维护和制作，整个机身共分为机头罩、中机身和后机身三个部分。三个部分虽然在结构细节上不尽相同，但从设计绘图角度而言都大同小异。因此，这里我们对机头罩的设计建模方法详细介绍，中机身和后机身相对简化一些，只涉及其中的关键点。

首先在特征树 Part 级别下创建命名为"机头罩"的有序几何图形集。考虑到之前生成的曲面只相当于机身蒙皮的外表面，在设计其内部结构时还需注意到蒙皮的厚度。为了给后面的结构骨架设计提供参考，现需要生成蒙皮的内表面曲面。

选择曲面偏移工具，在"偏移曲面定义"窗口中，将"曲面"选择为已经生成的机身外曲面（多截面曲面），如图4-129所示。在"偏移"后的文本框中填入偏移距离为1.5mm，这正好是蒙皮的厚度。单击"预览"，检查一下生成偏移曲面的方向是否正确，如果不正确则点击"反转方向"按钮以改变偏移方向。照此方法可以生成左右两侧蒙皮的内表面，为便于识别将其颜色改为浅绿色，如图4-130所示。

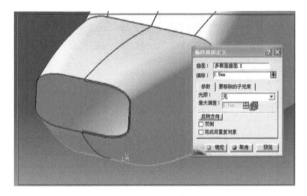

图4-129 曲面偏移工具

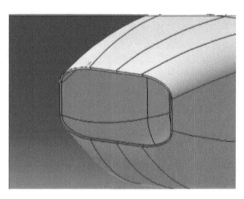

图4-130 生成机身蒙皮

接下来开始设计机身的第一个隔框。在生成第一个隔框的参考平面时需要先搞清楚一个问题：如果将原始的机身外表面蒙皮设置为透明，那么从放大后的侧视图上看，偏移后获得的蒙皮内表面（图4-131）边缘"陷"在了外表面曲面边缘内侧，而且形状并不是那么规则，这是为什么呢？这是由于CATIA的偏移算法是将原始曲面上的每一个点沿其法向偏移一个指

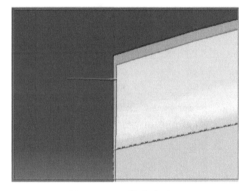

图4-131 蒙皮内表面

定距离而生成新曲面，机身蒙皮的外曲面边缘处的法向量并不在 yz 平面内，因此偏移后获得的曲面边缘与原始曲面边缘在侧视图上不重合。如果觉得以上解释过于复杂，那么可以先不去理会它，直接进行下一步工作。

使用平面工具，选择偏移平面方式以 yz 平面为参考平面，向机头方向偏移202mm生成机头罩第一个隔框的参考平面。将距离设置为202mm的目的是保证其与机身蒙皮内表面能够相交形成一个闭合的曲线框作为隔框外边界。以该平面为基准做草图，通过使用相交工具获得机身蒙皮内表面曲面和当前草图平面的交线，并以此为基准完成第一个隔框的草图绘制，其尺寸如图4-132所示。隔框外侧的13个矩形榫槽用来和纵向的桁条连接，中心圆孔用于通过电机轴，两侧倒角矩形框为冷却进气口。

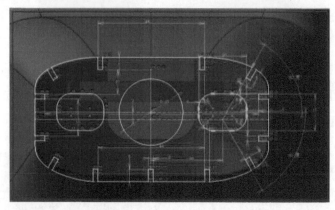

图 4-132　机头罩尺寸

在草图绘制过程中，如果发现某些曲线无法使用"快速修剪◢"工具进行修剪时，可以试试带有曲线延伸及修剪功能的"修剪✕"工具。完成草图后，使用包络体拉伸工具生成隔框实体，该隔框厚度为 2mm（其他隔框均相同）。将该包络体颜色修改为绿色，以表示其材料为层板。

接下来以 35mm 为隔框间距绘制第二隔框（图 4-133）和第三隔框（图 4-134），方法与第一隔框完全相同。注意在隔框四周的矩形榫槽绘制过程中，其两个侧边需要和前一个隔框的相应榫槽侧边共线。在第三隔框上半部的周围还需要几个矩形槽，用来通过连接机头罩与中机身之间的接耳。

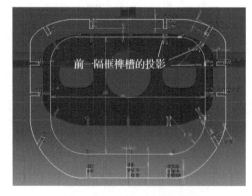

图 4-133　第二隔框尺寸图

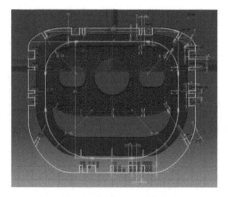

图 4-134　第三隔框尺寸图

接下来绘制机头罩上的桁条。以位于机身下表面对称面上的桁条为例。以第一隔框上该桁条对应的榫槽侧面为基准作草图（图 4-135），在草图中使用相交工具获得与机身蒙皮内表面的交线，并使用投影工具获得与三个隔框榫槽处连接的交线。使用偏移工具获得桁条的内侧边线，再使用直线工具并辅助修剪，完成桁条的外形轮廓草图，如图 4-136 所示。最后使用包络体拉伸完成桁条实体的创建。

图 4-135　草图基准面选择

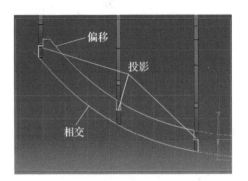

图 4-136　桁条草图

在绘制完一侧的桁条后，可以使用对称工具直接生成另一侧的桁条。之后绘制蒙皮的实体。首先使用加厚曲面工具，将机身蒙皮外表面向内侧加厚 1.5mm。然后使用平面工具并选择偏移平面方式，选择第三隔框的后表面作为参考平面，偏移距离设置为 0，生成一个参考平面。选择分割工具将加厚得到的蒙皮进行"切割"，除去刚刚生成平面之后的部分和第一个隔框参考面之前的部分，如图 4-137

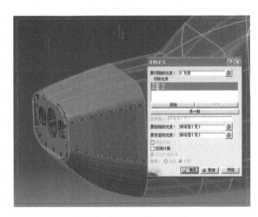

图 4-137　蒙皮处理

所示。将蒙皮不透明度设置为 50%，以方便观察其内部结构。

完成后的机头罩如图 4-138、图 4-139 所示。

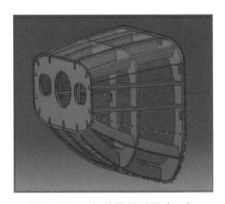

图 4-138　机头罩成型图（一）

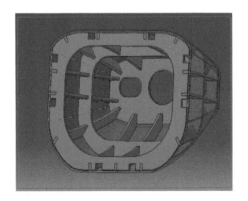

图 4-139　机头罩成型图（二）

中机身主要结构如图 4-140、图 4-141 所示，图中为了表达清晰省去了蒙皮（后机身处相同）。其纵向有 4~7 号四个整框和 8A 号半框共计五个隔框组成，结构形式与机头罩并没有明显差异。机身与机翼的连接点均在中机身范围内，7 号框上的两个孔与机翼内段前缘处的碳销插接。隔板 C 为双层结构，上层为桐木，下层为层板。机翼后缘通过从上至下穿透的螺钉与隔板 C 下的反抓连接。隔板 A 和隔板 B 分别为舵机的安装位置和起落架支柱的安装位置。

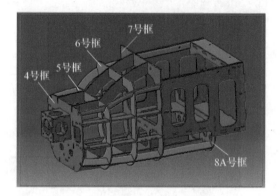

图 4-140　中机身结构框架图（一）

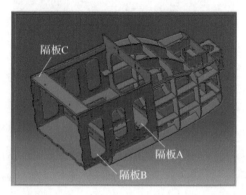

图 4-141　中机身结构框架图（二）

由于安装电机和前起落架支座的需要，4 号框需要进行一定程度的加强。其后方通过榫头与隔框本体相连的三横两竖加强条能够有效提高隔框承受弯曲的刚度和强度，如图 4-142 所示。

后机身结构形式仍然没有变化，共有 8~14 号共 7 个隔框，如图 4-143 所示。

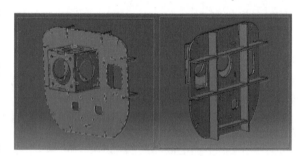

图 4-142　4 号框结构图

由于该段外形相对简单，因此桁条数量可以相应减少。出于安装平尾的需要，14 号框分为上、下两半，13 号框和 14 号框之间需搭接桁梁以传递平尾处的载荷，如图 4-144 所示。最后还有一点需要注意的是，由于垂尾通过粘接直接固定在蒙皮表面，因此固定垂尾区域的蒙皮应改为 2mm 桐木，如图 4-145 所示。

完成所有内部结构设计后，可以根据需要绘制机体的起落架。全机完成后的状态如图 4-146 所示。

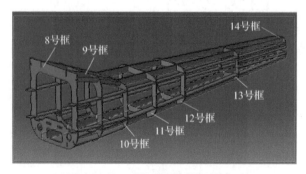

图 4-143　后机身结构框架图（一）

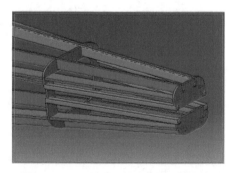

图 4-144　后机身结构框架图（二）

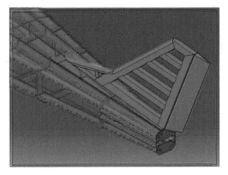

图 4-145 后机身结构框架图（三）

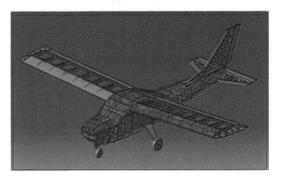

图 4-146 整体机身结构图

技能点 9 激光切割图纸的生成

在完成全机的建模工作后，就需要生成用于激光切割用的加工图纸，其方法十分简单。下面我们以一个翼肋为例，介绍生成加工图纸的做法。首先在当前模型下选择需要生成图纸的零件，单击右键选择复制，如图 4-147 所示。然后再将其独立复制到一个 CATPart 文件当中，方法是选择菜单"文件→新建"，在类型列表里选择"Part"项，点击确定，在弹出"新建零部件"对话框后输入新零部件的名称，如"RIB1"，然后点击确定。

在新建的 Part 文件中插入一个有序的几何图形集，然后在特征树上右键点击该几何图形集，选择特殊粘贴。在"特殊粘贴"对话框中选择"作为使用链接的结果"，点击确定。这样就完成了

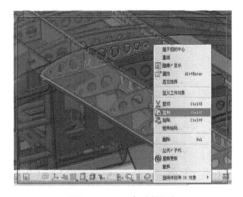

图 4-147 复制翼肋

图 4-148 独立出来的翼肋

一个零部件从整体文件中独立开来，得到的结果如图 4-148 所示。

接下来选择菜单"文件→新建"，在类型列表中选择"Drawing"点击确定后弹出"新建绘图"对话框。不用修改设置再次点击确定，系统自动进入工程制图状态，如图 4-149所示。单击"正视图"工具 。

这时不要进行其他操作，直接使用"窗口"菜单回到之前命名为"RIB1"的独立翼肋模型文件中。将鼠标移动到翼肋的侧面上时，可以发现屏幕右下角自动出现了一个"定向预览"窗口，如图 4-150 所示。

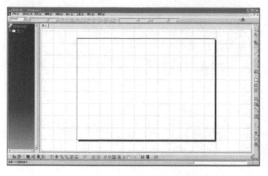

图 4-149　工程制图状态

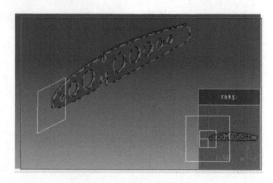

图 4-150　定向预览

此时单击左键，窗口会自动切换回"工程制图"页面。此时可以通过绘图区右上角的罗盘调整翼肋角度，如图 4-151 所示。当完成角度调整后，在空白区域单击左键进行确定，软件会自动生成翼肋的投影，如图 4-152 所示。

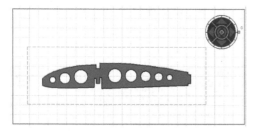

图 4-151　角度调整

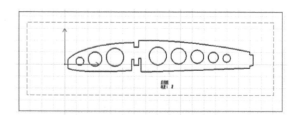

图 4-152　可加工的翼肋图

在删除掉没有必要的注释性文字后，选择菜单"文件→另存为"，在保存类型里选择"dxf"后输入文件名，然后点击确定。文件就被保存为激光切割机软件能够识别的dxf 格式。该格式文件也可以在 AutoCAD 中进行修改和排版。

05
模块五

无人机制作

对于无人机从业者或者职业院校无人机相关专业学生而言，自己亲手做一架无人机，是很令人兴奋的一件事情。本模块首先给读者科普了一些制作无人机常用的工具以及耗材。由于固定翼无人机特别是轻木制作的固定翼无人机相对于旋翼无人机来说有更大的制作难度，本模块重点给读者介绍了一些固定翼无人机的制作技巧。为了让读者能够最快速地制作一架无人机，本模块给出了一套以某战斗机为蓝本的无人机的制作流程，手把手教读者制作一架酷炫的战斗机。最后再教读者组装一架最常见的四旋翼 FPV 航拍无人机。这样，本模块就涵盖了与无人机制作相关的最基本的各类知识。

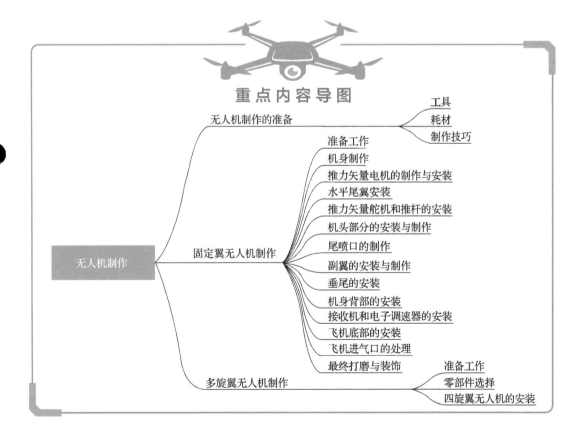

重点内容导图

无人机制作的准备 ── 工具
         耗材
         制作技巧

无人机制作 ── 固定翼无人机制作
- 准备工作
- 机身制作
- 推力矢量电机的制作与安装
- 水平尾翼安装
- 推力矢量舵机和推杆的安装
- 机头部分的安装与制作
- 尾喷口的制作
- 副翼的安装与制作
- 垂尾的安装
- 机身背部的安装
- 接收机和电子调速器的安装
- 飞机底部的安装
- 飞机进气口的处理
- 最终打磨与装饰

多旋翼无人机制作
- 准备工作
- 零部件选择
- 四旋翼无人机的安装

学习任务 1　无人机制作的准备

制作一架无人机需要进行很多相关准备，尤其是在工具和耗材方面，需要准备充分，才能制作好一架无人机。此外，对于某些特定的无人机，如果想制作精美，还需要了解一些制作技巧。

知识目标

● 了解制作无人机需要准备哪些工具与耗材。

素养目标

● 培养学生严谨认真的工作态度。
● 培养学生批判性思维，对比分析问题并阐述观点的能力。

技能目标

● 学生能够根据所制作的无人机来准备工具和耗材。
● 学生对于固定翼无人机的制作技巧有所掌握。

？ 引导问题

1）我们终于到了制作的环节了，在做无人机前，我们需要准备哪些工具和材料呢？

2）固定翼无人机的制作比较需要技巧，特别是对于机翼机身修型的处理，有个术语叫做蒙板，大家知道蒙板该怎么做吗？

知识点 1　工具

在无人机的制作过程中，会用到各种各样的工具，以下将对这些工具进行一些汇总和简介。

1. 激光切割机

激光切割机（图 5-1）将从激光器发射出的激光，经光路系统，聚焦成高功率密度的激光束；激光束照射到工件表面，使工件达到熔点或沸点，同时与光束同轴的高压气体将熔化或气化的金属吹走；随着光束与工件相对位置的移动，最终使材料形成切缝，从而达到切割的目的。

激光切割加工是用不可见的光束代替了传统的机械刀，具有精度高、切割快速、不局限于切割图案限制、自动排版节省材料、切口平滑、加工成本低等特点，将逐渐改进或取代传统的金属切割工艺设备。激光刀头的机械部分与工件无接触，在工作中不会对工件表面造成划伤；激光切割速度快，切

图 5-1　激光切割机

口光滑平整，一般不需要后续加工；切割热影响区小，板材变形小，切缝窄（0.1~0.3mm）；切口没有机械应力，无剪切毛刺；加工精度高，重复性好，不损伤材料表面；数控编程，可加工任意的平面图，可以对幅面很大的整板切割，无须开模具，经济省时。在无人机的制作中，通常会用到激光切割机切割轻木、塑料、纸板等材料。

（1）激光切割机结构组成

激光切割机系统一般由激光发生器、（外）光束传输组件、工作台（机床）、微机数控柜、冷却器和计算机（硬件和软件）等部分组成。

1）机床主机部分：激光切割机机床部分是实现 X、Y、Z 轴的运动的机械部分，包括切割工作平台，用于安放被切割工件，并能按照控制程序正确而精准地移动，通常由伺服电机驱动。

2）激光发生器：产生激光光源的装置。对于激光切割的用途而言，除了少数场合采用 YAG 固体激光器外，绝大部分采用电 – 光转换效率较高并能输出较高功率的 CO_2 气体激光器。由于激光切割对光束质量要求很高，所以不是所有的激光器都能用作切割的。高斯模式适用于小于 1500W、低阶模二氧化碳激光器 100~3000W、多模 3000W 以上。

3）外光路：折射反射镜用于将激光导向所需要的方向。为使光束通路不发生故障，所有反射镜都要保护罩加以保护，并通入洁净的正压保护气体以保护镜片不受污染。一套性能良好的透镜会将无发散角的光束聚焦成无限小的光斑。一般用 5.0in 焦距的透镜，7.5in 透镜仅用于 >12mm 厚材。

4）数控系统：控制机床实现 X、Y、Z 轴的运动，同时也控制激光器的输出功率。

5）稳压电源：连接在激光器、数控机床与电力供应系统之间，主要起防止外电网

干扰的作用。

6）切割头：主要包括腔体、聚焦透镜座、聚焦镜、电容式传感器和辅助气体喷嘴等零件。切割头驱动装置用于按照程序驱动切割头沿 Z 轴方向运动，由伺服电机和丝杆或齿轮等传动件组成。

7）操作台：用于控制整个切割装置的工作过程。

8）冷水机组：用于冷却激光发生器。激光器是利用电能转换成光能的装置，如 CO_2 气体激光器的转换率一般为 20%，剩余的能量就转换成热量。冷却水把多余的热量带走以保持激光发生器的正常工作。冷水机组还对机床外光路反射镜和聚焦镜进行冷却，以保证稳定的光束传输质量，并有效防止镜片温度过高而导致变形或炸裂。

9）气瓶：包括激光切割机工作介质气瓶和辅助气瓶，用于补充激光振荡的工业气体和供给切割头用辅助气体。

10）空压机、储气罐：提供和存储压缩空气。

11）空气冷却干燥机、过滤器：用于向激光发生器和光束通路供给洁净的干燥空气，以保持通路和反射镜的正常工作。

12）抽风除尘机：抽出加工时产生的烟尘和粉尘，并进行过滤处理，使废气排放符合环境保护标准。

13）排渣机：排除加工时产生的边角余料和废料等。

（2）激光切割机操作注意事项

操作激光切割机具有一定的危险性，所以在操作激光切割机时，应注意以下几点：

1）遵守一般切割机安全操作规程，严格按照激光器启动程序启动激光器，并调光、试机。

2）操作者须经过培训，熟悉切割软件及设备结构、性能，掌握操作系统有关知识。

3）按规定穿戴好劳动防护用品，在激光束附近必须佩戴符合规定的防护眼镜。

4）在未弄清某一材料是否能用激光照射或切割前，不要对其加工，以免产生烟雾和蒸气的潜在危险。

5）设备开动时操作人员不得擅自离开岗位或托人代管，如的确需要离开时应停机或切断电源开关。

6）在加工过程中发现异常时，应立即停机，及时排除故障或上报主管人员。

7）要将灭火器放在随手可及的地方，不加工时要关掉激光器或光闸，不要在未加防护的激光束附近放置纸张、布或其他易燃物。

2. 3D 打印机

3D 打印是近年来兴起的一种全新的快速成型技术，它能将三维软件建立的三维数据模型，运用粉末状金属或塑料以及光固化树脂等可粘合材料，通过逐层打印的方式转化为实物，被誉为新时代的工业革命。

自 1986 年美国科学家 Charles Hull 开发了第一台商业 3D 打印机起，3D 打印技术经历了三十多年的发展，从一开始只能打印简单的塑料模型到而今的打印人体器官等，3D 打印技术的研发取得了巨大的突破，能在一定程度上取代传统加工工艺中的机械加工及开模制造等制造工序，同时也能解决一些传统工艺无法处理的技术难题，极大地缩减了加工时间及加工成本，是如今各国重点发展的领域之一。在无人机的制作过程中，3D 打印机（图 5-2）通常用来打印其他加工方式难以加工处理的复杂结构。

图 5-2　3D 打印机

现今的用于工业生产的 3D 打印技术主要有四种，以下是四种打印技术的打印原理及优缺点。

（1）熔融沉积快速成型（Fused Deposition Modeling，FDM）（图 5-3）

1）工作原理：熔融沉积又叫熔丝沉积，它是将丝状热熔性材料加热融化，通过带有一个微细喷嘴的喷头挤喷出来。热熔材料熔化后从喷嘴喷出，沉积在制作面板或者前一层已固化的材料上，温度低于固化温度后开始固化，通过材料的层层堆积形成最终成品。

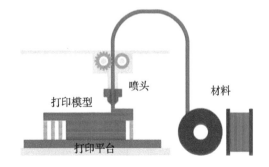

图 5-3　熔融沉积 3D 打印机结构示意图

2）材料：主要以 PLA（聚乳酸）为材料。

3）精度：常为 0.3~0.2mm。

4）优势：制造简单，成本低廉。

5）劣势：由于出料结构简单，难以精确控制出料形态与成型效果，同时温度对于FDM 成型效果影响非常大，精度差。

（2）光固化成型（Stereo Lithography Apparatus，SLA）（图 5-4）

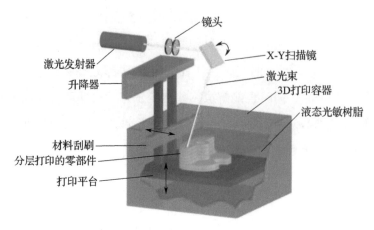

图 5-4　SLA 3D 打印机结构示意图

1）工作原理：光固化技术主要使用光敏树脂为材料，通过紫外光或者其他光源照射凝固成型，逐层固化，最终得到完整的产品。

2）材料：主要以光敏树脂为材料。

3）精度：0.016mm。

4）优势：光固化成型的原型在外观方面非常好，成型速度快、原型精度高，非常适合制作精度要求高，结构复杂的原型。

5）劣势：强度弱，一般主要用于原型设计验证方面，然后通过一系列后续处理工序将快速原型转化为工业级产品，另外打印尺寸小。

（3）选择性激光烧结（Selecting Laser Sintering，SLS）（图 5-5）

1）工作原理：SLS 利用粉末材料在激光照射下烧结的原理，由计算机控制层层堆结成型。SLS 技术同样是使用层叠堆积成型，所不同的是，它首先铺一层粉末材料，将材料预热到接近熔化点，再使用激光在该层截面上扫描，使粉末温度升至熔化点，然后烧结形成粘接，接着不断重复铺粉、烧结的过程，直至完成整个模型成型。

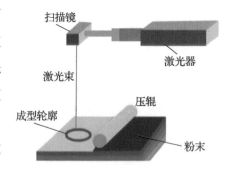

图 5-5　SLS 3D 打印机结构示意图

2）材料：使用非常多的粉末材料。

3）优势：制成相应材质的成品，激光烧结的成品精度好、强度高，但是最主要的优势还是在于金属成品的制作。

4）劣势：首先粉末烧结的表面粗糙，需要后期处理，其次使用大功率激光器，除了本身的设备成本，还需要很多辅助保护工艺，整体技术难度较大，制造和维护成本非常高，普通用户无法承受，所以目前应用范围主要集中在高端制造领域。

（4）三维粉末粘接（Three Dimensional Printing and Gluing，3DP）（图5-6）

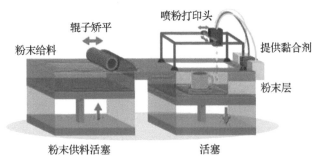

图5-6 3DP 3D打印机结构示意图

1）工作原理：先铺一层粉末，然后使用喷嘴将黏合剂喷在需要成型的区域，让材料粉末粘接，形成零件截面，然后不断重复铺粉、喷涂、粘接的过程，层层叠加，获得最终打印出来的零件。

2）材料：粉末材料，如陶瓷粉末、金属粉末、塑料粉末等。

3）优势：成型速度快，不需要支撑结构，而且能够输出彩色打印产品，这是目前其他技术都比较难以实现的。

4）劣势：首先粉末粘接的直接成品强度并不高，只能作为测试原型，其次由于粉末粘接的工作原理，成品表面不如SLA光洁，精细度也有劣势，所以一般为了产生拥有足够强度的产品，还需要一系列的后续处理工序。此外，由于制造相关材料粉末的技术比较复杂，成本较高，所以目前3DP技术主要应用在专业领域。

3. 五金及刀具

无人机及航模制作会经常用到一些五金工具及刀具（图5-7），以下将对此进行列举和介绍。

（1）扳手

扳手是常用于安装和拆卸的工具，扳手的型号与螺钉、螺母和螺栓型号对应。无人机制作中通常用到的扳手包括呆扳手、活口扳手、内六角扳手等，如图5-8所示。

图5-7　五金工具箱

a）呆扳手　　　　b）活口扳手　　　c）内六角扳手

图5-8　扳手

（2）夹持工具

在实验室中，需要使用的夹持类工具主要是各种钳，如图5-9所示。钳是夹持、固定加工工件，或者扭转、弯曲、剪断金属丝线的手工工具。较为常见的钳有平嘴钳、尖嘴钳、斜嘴钳。剥线钳主要用来剥导线的一端，使其露出金属丝便于连接、焊接等。

在航空模型制作过程中，还会用到一些其他钳，如压线钳和台虎钳，如图5-10所示。压线钳主要用于压制导线接线端子。台虎钳用来夹稳工件，以便于加工工件，一般装置在工作台上。实验室一般配有小型台虎钳。

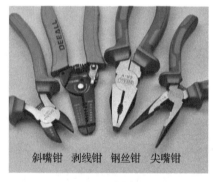  

斜嘴钳　剥线钳　钢丝钳　尖嘴钳

图5-9　钳类工具

a）压线钳　　　　b）台虎钳

图5-10　压线钳与台虎钳

（3）刀具

刀具是无人机制作维修过程中使用到的用来切断的工具，常用的包括刻刀、美工刀、剪刀等。市场上的刻刀主要以成套的形式销售。刻刀主要有木把刻刀和可更换刀片的尖刻刀。刻刀的刃型分为平口形、圆口形、一字形、V形等。木把刻刀主要用来刻槽、挖孔，如图5-11所示。可更换刀片的尖刻刀用来切割薄板、纸片和木片等，如图5-12所示。美工刀主要用于切割木片、木条、各种纸张、胶带和薄板，也用于切削、修整等，如图 5-13 所示。一般使用普通的家用剪刀来剪布、线和薄板，小一些的剪刀用来剪纸和蒙皮等，而剪铝片、铜片则需要铁剪刀，一般实验室中选用小号铁剪刀即可，如图 5-14 所示。

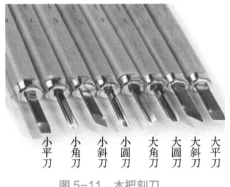

图 5-11　木把刻刀

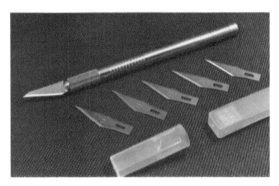

图 5-12　可更换刀片的刻刀

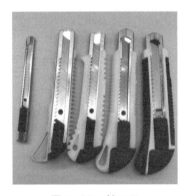

图 5-13　美工刀

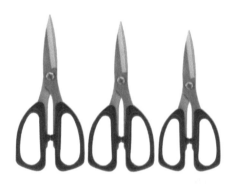

图 5-14　剪刀

（4）其他工具

1）锯：木锯主要用来锯木头，包括具有一定厚度的木板、直径稍小的木棍等；手工锯（图 5-15a）主要锯金属、塑料等硬度较大、强度较高的材料；线锯（图 5-15b）主要用来锯小而薄的木材、塑料，甚至锯铜、铁、铝等金属薄板。

a）

b）

图 5-15　手工锯和线锯

2）锉刀是对材料表层做微量加工的工具，在航空模型的制作中，主要是对木料和金属进行加工。一般来说，在实验室中经常用到小型什锦锉刀，如图5-16所示。

3）模型扩孔器（图5-17）可以用来扩桨孔、航空模型头壳、机身壳、舵机摇臂孔等。

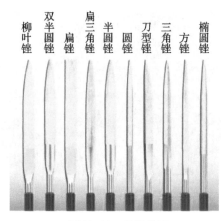

图5-16　什锦锉刀　　　　　　　　　　　图5-17　扩孔器

4）钻孔工具通常会用到钻头、丝锥和板牙等，如图5-18所示。钻头安装在台钻或手持钻上，用于钻孔。丝锥是一种加工内螺纹的螺纹加工工具；板牙是一种加工或修正外螺纹的螺纹加工工具，板牙相当于一个具有很高硬度的螺母，螺孔周围制有几个排屑孔，一般在螺孔的两端磨有切削锥。加工不同规格的螺纹，需要的丝锥、板牙不仅只有一种，丝锥或板牙的规格都是固定不可调节的，为了方便使用，丝锥和板牙都是成套的。根据使用要求，丝锥板牙组套由几个或者十几个丝锥和板牙、丝锥扳手和板牙架组成。

5）锤子一般用来敲击螺钉或其他工件，羊角锤还可以用来拔出钉子，如图5-19所示。

图5-18　钻头（左）和丝锥（右）　　　　　　图5-19　羊角锤

6）镊子是在制作和维修过程中经常使用到的工具，用来夹持导线、电子元器件和细小的螺钉等，如图5-20所示。实验室一般需要准备直头镊子、平头镊子和弯头镊子。

7）螺丝刀工具主要用来拧紧或者拧松螺钉，是常用工具之一。通常可以买一个套装来使用，如图 5-21 所示。

图 5-20 镊子

图 5-21 螺丝刀套装

4. 测量工具

测量工具主要用于测量长度、直径、深度、厚度、重量、电压电流、转速等。

长度测量一般会用到尺，包括钢直尺、三角尺、卷尺、游标卡尺、千分尺和水平尺等。

卷尺（图 5-22a）的主要作用是大致测量较长的距离，精确度较差。钢直尺（图 5-22b）在实验室中比较常见，它的主要作用是大致测量长度（精确度在 mm 级别）。角尺的作用与钢直尺相近，它还有一个独特的作用：由于三角尺（图 5-23）一个角是 90°，另外两个角是 45°，所以它可以作为角度确定的标准。

a)   b)
图 5-22 卷尺和钢直尺

图 5-23 三角尺

游标卡尺（图 5-24）和千分尺（图 5-25），可以比较精确地测量长度、厚度、深度和直径等。

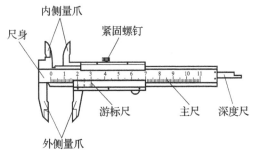
图 5-24 游标卡尺结构图

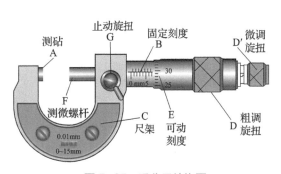
图 5-25 千分尺结构图

水平尺主要用来检测或测量物体的水平度和垂直度，在无人机制作中主要作用是检测机身、机翼、尾翼等之间的相对水平程度，如图5-26所示。

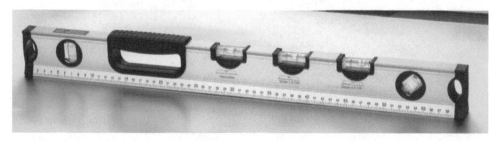

图 5-26　水平尺

实验室可以通过电子秤来测量各个零部件的重量，一般分为较大量程的和较小量程的两种，如图5-27所示。可以选用体重秤作为较大量程的秤。选用0~5kg规格的电子秤作为较小量程的秤。

实验室一般使用万用表来测量电压、电流和电阻，比如测量电池电压，如图5-28所示。可使用转速表来测量螺旋桨的转速，如图5-29所示。

图 5-27　电子秤　　　　　　　　　　图 5-28　万用表

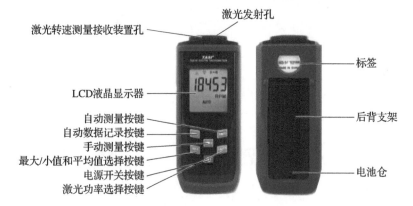

图 5-29　转速表

5. 电工具

（1）电钻

电钻是一类利用电机产生的动力钻孔的工具，是电动工具中的常规产品，也是需求量较大的电动工具类产品，主要有手持电钻（图5-30）和台钻（图5-31），用来钻一些精度较高的孔，既可提高制作效率，又可提高加工的质量。手持电钻和台钻需要通风散热，会在其外壳上开一些孔，长期使用其内部会堆积较多灰尘。为保障电钻的旋转精度，减少因为轴承（滑套）磨损而产生过大的间隙，故需要保持内部清洁和润滑。没有电气基础知识的读者，请找专业人员来进行保养和维修。

注意：使用时一定要记得做好防护措施，另外，一定要检查地线是否接地，接地线是保护人身安全的重要措施。严禁在带电状态下拆卸手持电钻和台钻！无电气基础知识者切勿动手！

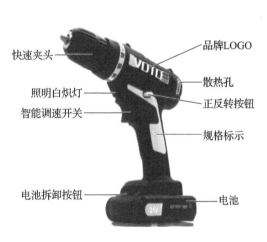

图5-30　手持电钻结构图

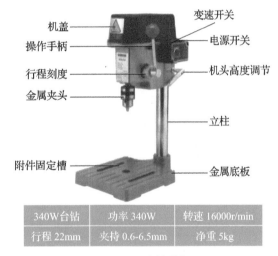

340W台钻	功率340W	转速16000r/min
行程22mm	夹持0.6-6.5mm	净重5kg

图5-31　台钻结构图

（2）电磨类工具

电磨类工具主要用来磨削被加工工件多余的部分，通常用于大量的磨削加工，主要有角磨机、电磨机、电刨等。角磨机主要用于金属薄片的磨削、细碳纤维棒的切削等，也称为电动砂轮机，是用砂轮或磨盘进行磨削的电动工具，如图5-32所示。电磨机也叫雕刻机，其主要作用是对金属和非金属材料进行修整、造型、研磨和抛光等，

图5-32　角磨机

如图 5-33 所示。电刨是一种手持进行刨削作业的电动工具，如图 5-34 所示，它的主要适用对象是木材，刨削过的平面更光滑，电刨还有倒棱和裁口等作业方式。

图 5-33　电磨机

图 5-34　电刨

（3）其他工具

电烙铁是电子线路制作和电器维修的必备工具，其主要用途是焊接元件及导线，如图 5-35 所示。电烙铁一般要与电烙铁架、焊锡、焊锡膏等搭配使用，如图 5-36 所示。

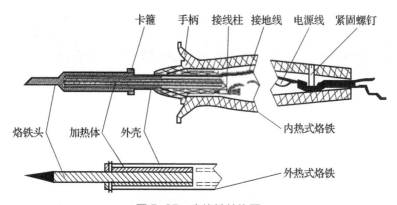
图 5-35　电烙铁结构图

图 5-36　电烙铁的使用

热风枪的主要作用是提供热源，满足制作需要，如图 5-37 所示。热风枪和热缩管配合使用，热缩管在导线连接处遇热缩紧，达到绝缘的效果；热风枪再来弯曲或熔接塑胶，清除旧漆。此外也可使用热风枪进行焊接、镀锡、熔接黏胶等。实验室中一般均配有热风枪，在要求不高的情况下也可以使用家用电吹风机代替热风枪。

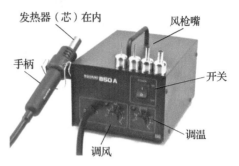

图 5-37 热风枪

蒙皮电熨斗的主要作用是熨烫蒙皮，使蒙皮与机身或机翼及其他需要蒙皮的部分粘接起来。选用制作航空模型专用的小型电熨斗最好，既可以选用控温旋钮式蒙皮电熨斗（图 5-38），也可以选用数显式蒙皮电熨斗（图 5-39）。

图 5-38 控温旋钮式蒙皮电熨斗

图 5-39 数显式蒙皮电熨斗

热熔胶在实验室中较为常用，它具有强度高、使用方便等优势，可用于木材、KT复合板、塑料、金属、皮革、电子元器件等互粘固体。热熔胶需要胶棒和热熔胶枪配合使用，图 5-40 所示为热熔胶枪的结构。

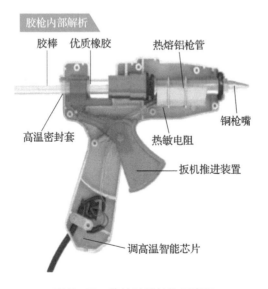

图 5-40 热熔胶枪结构示意图

知识点 2　耗材

1. 胶类

胶类主要指各类胶水，胶水用于粘接材料，主要使用 502 快速粘接胶水、AB 胶、白乳胶、螺钉胶、泡沫胶、环氧树脂胶等。

502 快速粘接胶水是实验室中较为常用的胶水，如图 5-41 所示。502 快速粘接胶水具有黏着迅速，瞬间胶粘的功效。在航空模型的制作中，它一般用来粘接受力不大的位置，如翼肋与前后缘连接的位置、翼肋与翼梁连接的位置等。正确的粘接方式是将要粘接的两个物体合拢在一起，将胶水沿缝隙滴进去。注意：使用时应谨慎操作，以防皮肤、衣物等被黏着，该粘接胶水的蒸气会刺激眼睛。

AB 胶是两液混合硬化胶，A 液是本胶，B 液是硬化剂。实验室经常使用的 AB 胶如图 5-42 所示。AB 胶是一种慢干型胶水，有一定的填充效果，粘接强度高、韧性好，因此常用来粘接上反角等受力较大的位置。AB 胶要混合使用，且须保持一定比例，使用时应注意涂抹均匀，并施加一定作用力使其粘接牢靠。

图 5-41　502 胶水

图 5-42　AB 胶

白乳胶是用途广、用量大、历史悠久的水溶性黏接剂。它主要用于木材之间的粘接，在航空模型的制作中主要用于大件木材之间的粘接，如图 5-43 所示。

螺钉胶又称为螺钉固定剂或厌氧胶，如图 5-44 所示。螺钉胶一方面使螺钉在作业中不会脱落，另一方面有防锈作用。在无人机和航模的制作中它主要用于一些重要螺钉的加固。

泡沫胶适用于各种软质材料之间的粘接，或软质材料与硬质材料之间的粘接，如泡沫、海绵、皮革、KT 复合板、塑料膜、软质纤维等软质材料与铁皮、铝板、玻璃、木材等硬质材料的互粘，如图 5-45 所示。在无人机和航空模型的制作中，泡沫胶主要用于泡沫的粘接。

图 5-43　白乳胶

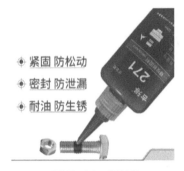

图 5-44　螺钉胶

图 5-45　泡沫胶

环氧树脂胶广泛地应用于粘接各种金属和非金属材料。环氧树脂胶和辅胶固化剂按比例混合均匀，根据不同用途的要求，可在混合树脂中添加适量的填充剂，用以固化，如图 5-46 所示。在无人机的制作中，环氧树脂胶主要用于机身和机翼连接处的硬化，配合玻纤布和碳纤布使用，还可以用于机身的硬化。

实验室中还经常会用到胶带，包括透明胶带（图 5-47）、纤维胶带（图 5-48）和电工胶带（图 5-49）。

品名	280℃高温AB胶
型号	11728
颜色	固化后半透明
气味	芬芳气味
耐温	−40~280℃
操作时间	2h
规格	50mL/2kg
典型用途	高温粘接　密封　金属　陶瓷　玻璃　石材　木材　塑料

图 5-46　环氧树脂胶

图 5-47　透明胶带

图 5-48　纤维胶带

图 5-49　电工胶带

2. 其他耗材

无人机的制作维修过程中会用到很多耗材，应及时保证耗材的充足，以避免影响工作的实施。

轻木又称为巴尔沙木、飞机木、航空模型木，是世界上最轻的商品用材，其特点是容重最小、质地较软、材质均匀、易于加工，经常被用于手工制作，如图5-50所示。

图5-50　轻木

桐木是制作航空模型的主要材料之一，其特点是重量轻、强度大、不曲不翘不变形、耐磨损。经过干燥处理后的桐木，不易吸收水分和潮气，有良好的保存性能，如图5-51所示。

椴木层板的特点是具有油脂，耐磨性、耐蚀性好，不易开裂，木纹细，易加工，韧性强等，广泛应用于细木工板、木制工艺品的制作。在航空模型的制作中，它主要用于机身架构及翼梁的制作，有时也用于翼肋的制作，如图5-52所示。

图5-51　桐木

图5-52　椴木层板

KT复合板是一种由PS颗粒经过发泡生成板芯，板芯通过表面覆膜、压合制成的一种新型材料。它的特点是重量极轻，具有一定的强度，在航空模型中应用广泛，如图5-53所示。

碳纤维管也称为碳管、碳纤管、碳素纤维管等，如图5-54所示。实心的碳纤维管称为碳纤维杆，一般航空模型用碳纤维杆的直径在10mm以下。碳纤维管具有抗拉强度高、耐蚀性好、密度小、重量轻、寿命长等特点，广泛应用于航空模型、医疗器械、体育器械等的制作。在航空模型中，碳纤维管主要用来制作机翼与机身的连接件；在一些泡沫制成的航空模型中，碳纤维管还可以用作翼梁，承受主要载荷。

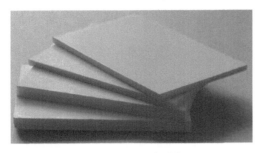

图 5-53　KT 复合板

图 5-54　碳纤维管

砂纸主要用来研磨金属、木材等表面，以使其光洁平滑，如图 5-55 所示。

图 5-55　砂纸及其使用

热熔胶棒安装在热熔胶枪上，待其融化后可用于粘接物体，如图 5-56 所示。

焊锡（图 5-57）在无人机上主要用来连接电线与对应的接头以及电子元件或者导线的焊接，一般配合电烙铁、焊锡膏使用。

图 5-56　热熔胶棒

图 5-57　焊锡

电池主要是为无人机提供动力，是无人机动力系统的核心零部件之一。现在无人机的动力电池一般选用锂电池（图 5-58），在网上很容易买到。锂电池用一段时间就会有所损耗，出现动力不足的问题。

热缩管是一种特制的聚烯烃材质热收缩套管（图 5-59），广泛应用于各种线束、焊点、电感的绝缘保护。一般热缩管的收缩比例是 2∶1。热缩管一般有内、外两层，外层一般采用聚烯烃材料加工而成，外层材料有绝缘、耐蚀、耐磨等特点；内层有低熔点、防水密封和高粘接性等优点。

图 5-58　无人机用锂电池

图 5-59　热缩管

知识点 3　固定翼无人机制作技巧

相对于四旋翼无人机，固定翼无人机或者航模的制作要复杂许多，有许多的技巧需要掌握，才能制作出更加牢固、美观的无人机，因此本知识点主要是给出一些常用工艺的制作技巧。这些技巧主要来自于航模的制作技巧，无人机与航模的差异主要在于控制方面，在结构与制作方面并没有太大的差异，因此可以借鉴。

1. 给泡沫机翼蒙板

蒙板指的是在已经组装好的机翼梁和翼肋上蒙上一层很薄的木片，如图 5-60 所示，这层薄板称为蒙板。蒙板是飞机承受气动力的主要部件，气动力通过蒙板传到机翼内部的梁和翼肋上。即便我们采用了各种现代制作方法和新型结构材料并不断改进，蒙板依然保持着它的重要地位。

一个无人机制作者第一次给机翼做蒙板，很可能就是给泡沫机翼做蒙板。制作方法不是很难，只要把几个步骤做好，就可以极大地改进飞机的外观。我们假设蒙板用的都是标准 3in（76.2mm）宽的巴沙木片，我们需要把它们粘在一起成为一片 9in（228.6mm）宽的宽片。如果可能的话，要尽量选择同样硬度、同样厚度和相似木纹的巴沙木片。如果木片的硬度不一样，软的那片打磨起来就要相对快一些，这样就很容易造成凹陷的毛病。木片的颜色常常代表了它的硬度，越白的木片就越软。木片的厚度也可能不一样，用你的拇指和食指夹着紧密并放在一起的两片木片，拎起来，如果你能感觉到两边不一样，就说明将来会在机翼上留下一个棱。这条棱是可以被去掉的，但是需要相当高的技术才能做得到。一种选择是另选一片木片，另一种选择是将那片厚一点儿的木片一直打磨到和最薄的那片厚度一样为止，显然后者我们并不推荐。木纹本身不会带来太多问题，但是一般来讲，如果两片木片硬度相同，它们的木纹通常也是类似的。两片木片并排放在一起的时候，沿着接缝不能有任何缝隙，如果有的话，就要一片一片地沿着放在木片边缘处的一把金属尺切出新的边缘来（图 5-61）。

图 5-60　机翼蒙板

图 5-61　木片拼接

任何一种平整台面，如塑料贴面的桌面，都可以用来完成把木片拼接在一起的任务。在上面铺一张蜡纸以防止胶粘在台面上。因为用的是塑料贴面的桌面，所以无法用大头针固定。在要粘接的两边都涂上胶水，沿桌面滑到一起。将两片木片紧紧地并在一起，用重物（如食品罐头）压住，不让木片移动，再把多余出来的黏合剂刮去。胶水干涸后，用装在大打磨块上的 120 目砂纸打磨木片的背面，也就是要粘在机翼上的那一面，直到其上没有任何接缝、结块、凹沟或隆起为止。不必去设法除掉 120 目砂纸打出来的擦痕，它们实际上有助于增加与泡沫粘接的牢固程度。接下来再打磨正面，这次我们先用 220 目砂纸，再用 320 目砂纸打磨。如果你需要打磨很多这种蒙板，那就应该用这两种砂纸做两个大号的打磨块。泡沫表面会有毛球、铸痕，也许还有部分生产厂家使用电热丝切割翼型所留下的凸棱。用装在小号打磨块上的 320 目砂纸轻轻地打磨泡沫表面，之后用黏性抹布仔细地擦净双方的表面，再按照厂家的说明涂上接触黏合剂。在将木片铺到机翼上的时候，要确保盖满整个机翼，每边都稍长出一点儿。在放木片的时候绝对要准，因为一旦按上去就不易分开了，用接触黏合剂是没有改正错误的机会的。到这一步就可以把多出来的部分去掉了，再把用巴沙木制成的前缘和后缘粘到应有的位置上。

2. 修理劈裂的蒙板

在制作好结构之后，蒙板有的时候会劈裂开（图 5-62a），如果此时更换蒙板会严重破坏构架。于是可以尝试从蒙板的背后修理裂口，比如在构架式机翼的前缘蒙板裂开的情况下就有这种可能（图 5-62b）。此时蒙板的背面必须要重新加强，如果可能的话

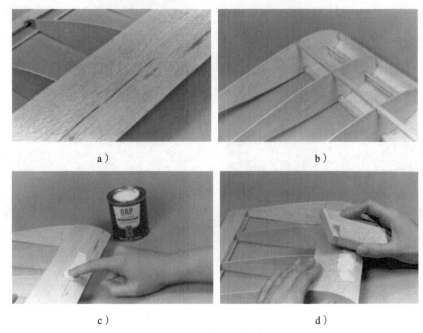

图 5-62　劈裂蒙板修理

要和构架连接在一起才好。在新加的部分干涸后，用一点儿腻子，如乙烯填泥料，把缝隙填上（图 5-62c）。在选择一种合适的填泥料之前，你应该先学习有关填泥料相容性的知识。先用 120 目砂纸，再用 220 目，最后用 320 目的砂纸打磨光滑（图 5-62d），原来的破损现在根本就看不出来了（图 5-63）。

图 5-63　修好的蒙板

如果你不在背面做支撑，而试图用胶直接把裂缝粘起来，那么几乎可以肯定会在最后涂饰后留下一个凸梗。其原因就在于当你为了最终涂饰而打磨的时候，那些没有支撑的、坚硬的有胶区域一定会比周围区域下去的慢。不仅如此，最初造成劈裂的那个应力还会使蒙板就在粘合处再次破裂，除非你在其背后进行过加强。

3. 厚片蒙板

厚片蒙板技术可以应用于诸如多发动机飞机的发动机舱、圆形机身、机身龟背舱面及其他类似的结构中。一个新手通常不会用到这项技术，因为几乎没有入门级的套件用得到它。但多数航模爱好者最终都会尝试制作一架比例仿真飞机，此时某些需要蒙板的表面很可能就适用这种结构了。我们用 1/4in（6.35mm）到 1/2in（12.7mm）宽，1/8in

（3.18mm）到3/16in（4.76mm）厚的巴沙木厚片粘成一个不规则形状的构架（图5-64a）。那些弄不好就会透过涂饰显现出来的胶合处则到处都是。每个厚片的边缘必须经过仔细打磨，以使它们能和周围的各处紧密地拼在一起。如果胶的宽度大，将来涂饰后就一定能被看出来。困难还有，这种蒙板所受到的持续应力会把我们辛辛苦苦铺就的蒙板从构架上拽下来，应力还可能通过让蒙板在薄弱的地方劈裂的方式释放。之所以谈这些并不是说你就不能用这种厚片蒙板的方法了，我只是想提醒你要了解这里边可能会出现很多问题，要准备好也许在制作的时候要多花一些时间，并且希望你能接受以下的一些建议。

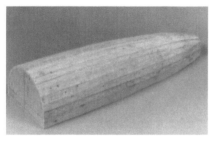
a）

b）

图5-64　厚片蒙板技巧（一）

　　蒙板厚片一定要一直粘到每一个非常窄的巴沙木机舱隔板以及层合板制成的成形幅板的远沿上。这二者都没有多大的支撑力。在完成构架后，我们可以通过给机舱隔板加粘一个巴沙木叠层的方式来增加机舱隔板和蒙板之间的接触面积（图5-64b）。这个叠层只需要做出个大概形状即可。待装上后，再用120目砂纸打磨块来最终成形。在打磨机舱隔板的时候，一定要成对打磨，使之有一点儿轻微的斜面，从而符合机身本身从前到后的曲线要求。一定要注意千万不要把机舱隔板及其叠层打磨得比原来的小了，否则蒙板就会在经过成形幅板的地方产生起伏或斜坡。这个切削和试配那些厚片的过程多少有点儿枯燥，要尽力保证不要出现任何劈裂现象。万一出现了劈裂（图5-65a），就要用一把刀把它扩宽（图5-65b），再在那里粘上一块配合裂缝形状的木料（图5-65c、d）。

a）

b）

图5-65　厚片蒙板技巧（二）

c)

d)

图 5-65 厚片蒙板技巧（二）（续）

用乙烯填泥料把大头针孔和那些较明显的木纹填平（图 5-66a）。根据涂装的不同类型，填泥料选择专用于巴沙木的塑料填泥料或微气球和聚酯的混合物可能更理想。正如前文所述，关于正确使用填泥料的知识需要专门学习。用 60 目砂纸打磨块仔细地粗磨出基本的形状。不要性急，只可以打磨掉非常有限的一点儿。粗砂纸能以大约相同的速度打磨掉胶水、填泥料和巴沙木；细砂纸在打磨巴沙木的时候则会比较快，从而使胶接处凸出来。在把高点打磨掉后，用打磨块的 120 目砂纸那一面打磨掉划痕，使之光滑（图 5-66b）。不要浪费时间去进行最终的打磨，而应该等整个模型都要喷漆的时候再做。在这里，为了展示一个最终完成的部件，我们做好了外饰之前的一切准备工作（图 5-66c）。

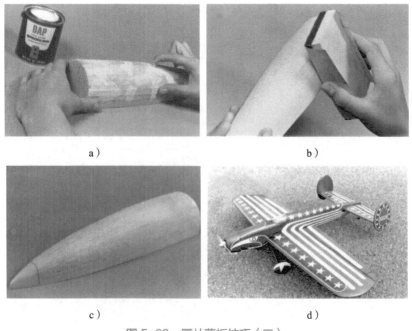

a)

b)

c)

d)

图 5-66 厚片蒙板技巧（三）

4. 块成形与塑料注塑

巴沙木的价格比较高，这使得很多套件生产厂商在制作翼尖、发动机罩等类似的部件时，都避免使用巴沙木块。相比较而言更重视成本的那些套件生产厂家在他们生产的模型上使用真空成形的塑料部件（图 5-67），而其他的厂商则在这些地方采用巴沙木片制作的构件结构。那些塑料部件的耐冲击力一般都不太好，而且那些构件结构有的时候看起来则比较业余。即便你是一个采用套件制作模型的航模爱好者，也应该了解怎么用巴沙木块制作东西，因为你也可能会有需要替换掉这些部分。一个自己从头开始制作模型的爱好者就更会觉得如此了，而且，几乎所有人最终都会喜欢上这种制作方法的。

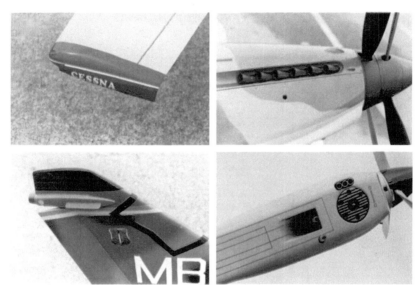

图 5-67　成形的塑料部件

差不多所有的块成形都采用同样的工艺过程。下面我们就以给前文介绍的厚片蒙板机身舱面制作一个后段为例，演示一下这个过程。当你读这一段文字的时候，要注意我们会提到两个含义不同的块：一个是打磨块，另一个是被打磨的块。

1）用跳锯或钢丝锯对工件做粗加工成形。要确保能留下足够的富裕量。此时木块虽仍具有直角相交的截面，但是其顶视图和侧视图是符合舱面的外形要求的，当然还留有相当大的裕量。

2）仔细打磨木块与机身结构将来相互粘接的粘接面。打磨得越平，将来胶粘的痕迹就越不容易被看出来（图 5-68a、b）。

3）把木块粘到模型上，用刀片把它削成想要的形状（图 5-68c）。与最终形状相比，一定要留有至少 1/16in（1.59mm）的裕量。

4）用装在打磨块上的60目砂纸将工件打磨到几乎就是最终形状的程度（图5-68d）。如果模型上粘这个木块的区域周围在这之前已经被仔细地打磨过了，这时就要特别注意，不要让粗砂纸碰到那些地方。

5）用装在大打磨块上的120目砂纸将木块打磨成最终形状，并平滑过渡到相连的结构上。

6）用仔细拧过的潮抹布轻轻擦抹打磨过的地方，把各种毛刺和木纹带出来。等这些地方干了以后，先用220目，再用320目砂纸把这些瑕疵及前面工序留下来的打磨划痕去掉（图5-68e）。这样如果在涂饰的过程中有液体涂上去的时候，就不会再出毛刺或木纹了。否则，这些地方都会变得很难除掉。可以用四层以上的砂纸折起来代替打磨海绵块（图5-68f）。

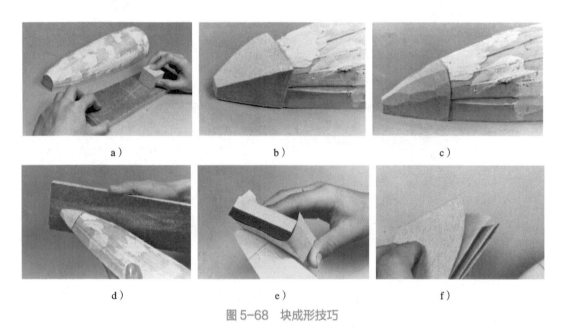

图 5-68　块成形技巧

图5-69所示为完工后的工件。一个用这种方法制成的部件可以和主结构的曲线优美而服帖地融合在一起，而注塑出来的塑料部件是完全做不到这一点的。

5. 翼尖制作

采用巴沙木块来制作翼尖，可以非常容易地实现优美的外形轮廓，而且这种翼尖比用其他方法制作出的翼尖更能承力。我们完全可以

图 5-69　块成形成果

用与前文所述制作龟背舱面的相同方法来制作这种翼尖，但是我们在这里准备采用另一种稍微不同的方法。先把翼端以及木块上要粘到翼尖上的那一面都用砂纸打磨得非常平（图 5-70a），再把木块粘到翼尖上。先用刀削，再用砂纸打磨，使翼尖的木块成形到几乎与机翼的延长线一致（图 5-70b）。你可能需要把它制作成稍微有点儿斜面的样子，以防止砂纸在这一过程中碰到机翼（图 5-70c）。按照顶视图削出外轮廓，然后用砂纸打出形状（图 5-70d、e）。这之后，在水平中心线以上和以下，沿与垂直方向成 45°角的方向切削（图 5-70f、g）。之后用 60 目砂纸使翼尖半成形（图 5-70h）。

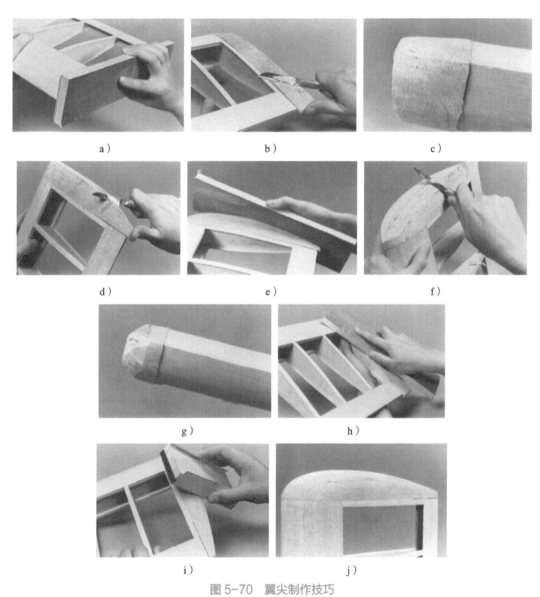

a）　　　　　　　　b）　　　　　　　　c）

d）　　　　　　　　e）　　　　　　　　f）

g）　　　　　　　　h）

i）　　　　　　　　j）

图 5-70　翼尖制作技巧

最后，再用装在大打磨块上的 120 目砂纸将翼尖最终成形。要仔细地使翼尖平滑过渡到机翼上去，先后用 220 目和 230 目砂纸将打磨划痕除去（图 5-70i）。用一块潮抹布把木纹带起来，再打磨光滑（图 5-70j）。

以上介绍的这种翼尖常常会在做蒙皮时带来一些困难，特别是用塑料热缩膜作为蒙皮的时候，因为用这种材料需要有相当高的技术才能使它没有皱纹地贴在这种复杂曲面上。对于一名新手，我们可能要相当认真地说服他换用另一种形状的翼尖。大多数新手和相当一部分业余爱好者都不需要把翼尖制作得在倒飞情况下也能和正飞的时候一样好，有 85% 的飞行时间模型都是处在正飞状态中，因此我们只需要让翼尖的形状在正飞情况下表现良好就行了。一个易于制作蒙皮、同时又能在正飞状态中表现出很棒的空气动力学性能的翼尖形状是这样的：顶视图的轮廓是圆滑的，而从前视角度看上去是斜面的（图 5-71）。这种翼尖看上去很好看，同时又不像传统设计那样具有特别复杂的曲面。

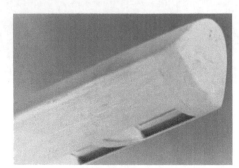

图 5-71　翼尖制作效果

6. 试配整流罩

我们经常会发现如果某一个飞机设计中包括一个螺旋桨整流罩的话，它的整体曲线看上去就会干净多了。很多常见的比例仿真模型，如 P-51 或 P-40 就有这样的一个整流罩。给机身成形，使之完美地逐渐过渡到整流罩的曲线，这就给我们自己提供了一个很有意思的机会来采用块成形工艺，以改造一个原本属于"飞着玩儿"级别的套件。机身与整流罩之间的夹缝应该是均匀的，我们应该尽量避免在机身上出现一头大、一头小，或两头与中间不一致的缝隙。接下来，你将会看到如何给机身的前部成形以及如何得到一个做工完美的夹缝。

首先提醒一句，如果有一架飞机，它的发动机防火墙处有 4in（101.6mm）宽，那你怎么也不可能指望在上面装一个像根针一样细的 2in（50.8mm）的整流罩，还能不让防火墙前面的机身曲线产生丑陋的突变。我们希望机身的表面，从整流罩的尖部向后一直到机身的中部，能从圆形的整流罩顺畅地过渡到机身上接近矩形的部分。第一步就是必须要选择一个正确的整流罩。要选择一个角度钝一些的，直径最小也要达到防火墙宽度的 75% 或 80% 的整流罩。对于一个短一些的整流罩，它的曲线会从尖部急剧地变到后背面，把这个曲线平滑地向后延长，就可以很容易地把整个防火墙都包起来了。

现在，我们需要制作一个专用的砂纸打磨块。这是由一个 1/4in（6.35mm）厚的层合板圆盘和一个垫环构成的（图 5-72a）。垫环的厚度是根据所需的缝隙量和整流罩后背面是否凹进去来决定的。Goldberg 生产的整流罩其后背面就是凹进去的。用胶把垫环和圆盘粘在一起，再用橡胶黏合剂把砂纸粘到垫环上，这样就可以很容易地除下和更换砂纸了。用若干木块把机身前部的空间填上，然后用弓锯将机身前部锯得比最终长度长出 1/16in（1.59mm）。将制作好的打磨盘装到发动机上，再用固定螺旋桨的螺母将打磨盘拧紧到滑动配合状态（图 5-72b），之后旋转打磨盘以打磨机身的前端（图 5-72c）。反复重复这两个步骤，直到打磨盘能和发动机的螺旋桨垫圈紧密地贴在一起。你需要一点点实践才能学会每次究竟要把螺旋桨螺母拧多紧才合适。如果拧得太紧，打磨盘就转不动了。图 5-72d 所示为除了最终磨光没做之前的完成结果。现在用刀片把机身前端削成符合融合到整流罩的曲线，但各面之间目前还是直角相交的。再将各直角削去，此时机身前端就成了八角形的了（图 5-72e）。此时，用刀把形状修整得与最终形状几乎一致（图 5-72f）。

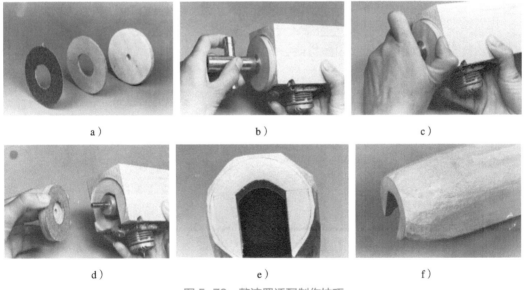

a）　　　　　　　　　b）　　　　　　　　　c）

d）　　　　　　　　　e）　　　　　　　　　f）

图 5-72　整流罩适配制作技巧

用前文描述的方法打磨后，机身效果如图 5-73 所示。机身涂好底漆后，将打磨盘换上细砂纸，把机身前端表面打磨光滑。

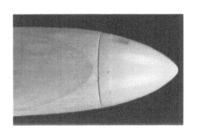

图 5-73　整流罩适配效果

7. 塑料翼尖的处理

如果用了套件里提供的预成形的塑料翼尖，其结果要么十分赏心悦目，要么就是极其丑陋，而几乎不可能是中庸的。首先，你需要使用正确的黏合剂。如果是玻璃钢，就使用5min的环氧树脂。常见的ABS塑料用氰基丙烯酸盐黏合剂或丙酮黏合剂都能与巴沙木很好地粘合在一起。不过，世界上有很多种塑料，其中有的会被某些胶溶解，要先用边角料测试一下塑料和你要用的胶之间的兼容性和粘接后的牢固程度。

　　尽量把零件修整好，但要留些裕量。由于塑料不容易被打磨，所以最好让注塑的翼尖比翼端的翼肋稍小一点。这样，机翼就可以打磨成与注塑的翼尖配合得非常完美了。再制作一个新的翼端翼肋，使它刚好能够紧密地塞进注塑的翼尖内。我们希望这个新增的翼肋能够提供一个更大的接触面积。如图5-74a、b所示，新增的这个翼肋构成一个台座，以使翼尖能够粘在它的上面。但是我们现在还不要把这个翼肋粘到翼尖上。在决定了要用什么样的黏合剂最合适以后，将注塑翼尖的内表面打毛（图5-74c），然后将翼肋粘上，让塑料超过翼肋，稍伸出一点儿来。用装有120目砂纸的大打磨块把塑料伸出来的部分打磨掉，使其与翼肋齐平，一定要把翼端的翼肋打磨得非常平。现在再把注塑的翼尖粘上，并把翼端翼肋打磨至与之相匹配（图5-74d、e、f）。

　　我们用的是220目砂纸来将翼尖打毛，图5-74c、e所示的操作是将翼尖表面的蜡质及其他材料去掉，以保证胶和涂料能够固着其上。

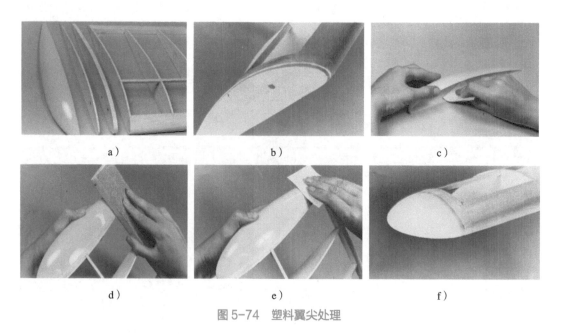

a)　　　　　　　　　　b)　　　　　　　　　　c)

d)　　　　　　　　　　e)　　　　　　　　　　f)

图5-74　塑料翼尖处理

8. 翼根整流片与座舱的处理

　　如图5-75所示飞机模型中最先吸引人视线的总是翼根整流片与座舱。你可以设想一下，同样是这些模型，要是座舱上遗露着胶痕或者翼根整流片鼓着小泡的话，即便涂装得再好，看上去也不会给人留下什么好印象。反之，要是翼根整流片和座舱都制作得很好的话，即使喷涂的工作做得一般，也可以得到人们某种程度的青睐。

图 5-75　翼根整流片和座舱处理效果

9. 用腻子制作翼根整流片

如果一架制作出的飞机模型看上去并不清秀的话，那么最大的问题可能就出在制作者不能制作出一个好的翼根整流片上了，不管它是机翼的还是尾翼的。如果一架飞机的机翼或尾翼表面到机身的过渡不是一个形状完美的光滑曲面的话，其他地方制作得再漂亮，也会给人留下一个工艺平庸的感觉。

问题的难点在于翼根整流片形状特殊，它所处的位置不太容易够得到。使用砂纸打磨块将翼尖打磨光滑不会有什么问题，只要你有足够的耐心，打磨块就一定能使翼尖曲线变得光滑，绝不会凹凸不平，从而达到你的期望。然而对于翼根整流片来说，一般的砂纸打磨块因为够不到，所以根本就用不了。换句话说，这些打磨块在打磨模型的时候，接触到的点要多于一个。我们必须制作一些特殊的砂纸打磨块，以使它们在打磨翼根整流片的时候，能保证只接触到一个点。通常，我们把一块 1/2in（12.7mm）厚的巴沙木片的边缘削圆，在上面包一张砂纸作为打磨块（图 5-76）。

图 5-76　打磨块

模型制作者制作翼根整流片时最常用的方法（虽然并不是唯一的方法）是使用腻子把翼根附近抹成大致的形状。施用的过程中如果小心仔细的话，腻子干固以后，就可以减少很多打磨成形的工作，结果也会很让人满意。航模商店销售有很多种可以用来制作翼根整流片的腻子，同时也销售一些供客户自己混合的产品，以下列举一些：

1）SigEpoxolite（图 5-77a）：干固的过程像环氧树脂黏合剂。这种产品特别棒，涂布起来十分均匀，不会裂，同时还防燃料油，但就是比较难于打磨。

2）聚酯涂装树脂：可以把它和一种航模商店称之为"微气球"的粉末状的产品（图 5-77b）混合在一起。这种微气球和涂装树脂的混合物是制作翼根整流片的绝佳材料。混合物中微气球的含量越高，打磨起来相对越容易。当然，它的打磨也并不是很容易，这种微气球树脂材料有很多特性都与 SigEpoxolite 类似。

3）生产时即调好的丙酮翼根整流片专用腻子。这种腻子很常用，只是你一定要记住，要给其中的溶剂充足的蒸发时间才行。制作时，翼根整流片要用几层薄层，一层一层地涂上去，每一层都要充分干固后才能再涂下一层。如果一次涂得太多的话，当多余的溶剂从翼根整流片上蒸发出去的时候,不可避免地会在涂装表面或翼根整流片上产生气泡。这些气泡有的时候几个星期以后才会出现。

a) b)

图 5-77 腻子

很多情况下，机翼和机身都是用巴沙木蒙皮的。在制作翼根整流片的过程中，制作者肯定会弄伤模型上的邻近部分。如果你将这些区域用砂纸打磨后涂用聚酯涂装树脂，就可以基本上杜绝这种问题的产生了。不要把将来安装翼根整流片的地方也涂上树脂，因为裸木的地方粘接力更强。因为这些涂装材料的兼容性问题，如果涂在了除 5min 型以外的其他种类环氧树脂上时，聚酯涂装树脂是不会干固的。如果在涂装过程中用到了聚酯树脂，翼根整流片就一定不能用 SigEpoxolite 制作。

如果机翼是可拆卸的，在抹腻子之前先把机翼在机身上固定好，再在机翼上铺一层蜡纸以防止腻子粘在机翼上。用一把旧的厨房用刀（图 5-78a）把腻子抹上，然后用一个瓶盖把抹上的腻子修整成你想要的曲线（图5-78b）。用蘸过水（这也是一个要把周围部分修整好的理由）的湿手指把表面抹光（图5-78c）。但是，如果你抹得太多，你就会破坏掉用瓶盖修整出来的曲线。用一块巴沙木边角料，把被瓶盖刮到邻近区域的多余材料去掉（图5-78d、e）。这一步一定要仔细去做，这非常重要，否则，等它硬化后，要想除掉这些多余物会非常困难。根据需要，用100目砂纸打磨该翼根整流片，以获得一个曲线柔和的表面，逐渐过渡到机身上（图5-78f）。要使用前面制作的那种特殊的打磨块，可以使用同一个打磨块打磨翼根整流片到机翼和机身的过渡曲线。这种打磨块的半圆边（图5-78g）不会将腻子做成的成果破坏掉。即使制作得非常小心，用湿手指抹平腻子的时候也会产生一些凹陷的地方。可以使用一些比较容易打磨的腻子（如乙烯填料）来把它填平（图5-78h）。图5-78i所示为用220目砂纸及320目砂纸打磨后的机翼与机身连接处。由于翼根整流片上有两种不同的硬度，所以就要求必须要用打磨块才能保证表面被打磨均匀。用手拿着砂纸打磨的方法会把填料从凹坑里挖出来。图5-78j所示为一个全部完工的翼根整流片。

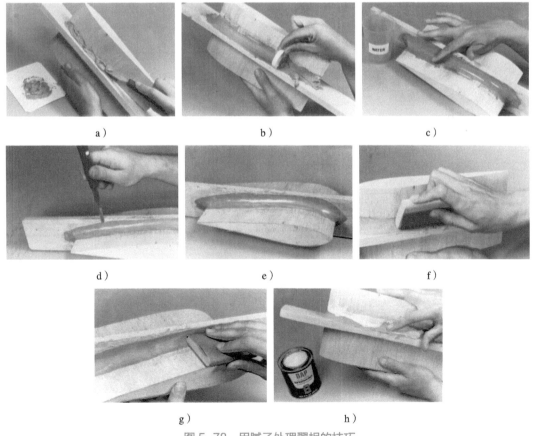

图5-78 用腻子处理翼根的技巧

i)   j)

图 5-78　用腻子处理翼根的技巧（续）

10. 用木头制作翼根整流片

在机身侧板采用木片蒙板，且机翼形状不为梯形的情况下（图 5-79a），可以用一块巴沙木削成翼根整流片。一个优秀的航模爱好者会去读一些相关的专著，从而更好地完成这项相当重要的工作。其实，对于我们刚才提到的这种模型而言，为其制作一个木头的翼根整流片还是比较容易的。与用腻子制作的翼根整流片相比较，这种倒角更加适合于使用塑料热缩膜蒙皮。我们把这种翼根整流片的截面削成三角形，而不让倒角的外表面在中间处凹进去。我们在学习热缩膜的知识时就会发现，这么制作出来的翼根整流片在蒙皮的时候就会比较容易操作。

先将一张硬纸片或薄纸板剪成带有翼型的模板，要一点点地试、一点点地剪，直到模板上的曲线与翼型尽可能地接近。等你做好了以后，把它复制到木块上，然后用一把弓锯沿曲线锯下。一定要小心地让锯条沿与桌子垂直的方向运动，否则，结果就是

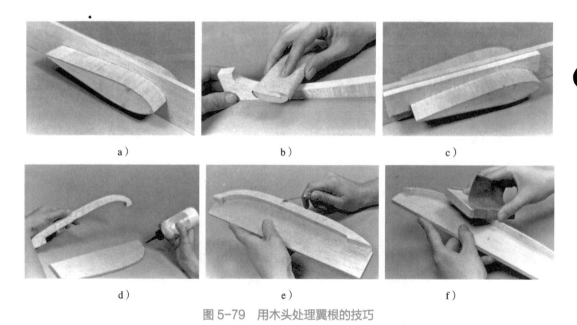

a)   b)   c)

d)   e)   f)

图 5-79　用木头处理翼根的技巧

一边与机翼吻合，而另一边就有偏差了。用一个带有曲面的打磨块（图 5-79b）将锯纹打磨掉，使其与机翼吻合（图 5-79c）。重复这个过程，使得木块与机身侧边的前后曲线也能吻合。现在可以把这个"娇气"的翼根整流片粘到一片巴沙木片上，使其在切削打磨的过程中能有一定的强度（图 5-79d、e、f）。我们继续这个制作过程，并给这个翼根整流片蒙皮。图 5-80 所示为任务完成后的样子。

图 5-80　效果图

11. 座舱处理

我们有时候在制作完一架模型飞机后（甚至连翼根整流片都制作得很漂亮）会把座舱装得很难看。一个涂装的新手经常会犯以下错误：会在对模型进行液体涂装以后，才把座舱粘到模型上去；不管你做得多么仔细，胶接处总是会很难看的。而一个内行的制作者，就会在胶接处加上一个小倒角，然后把它漆上与飞机颜色一样的涂料。这个并不难，但是你操作的顺序必须是正确的。

对座舱附近进行涂装，并用飞行员、仪表和任何其他你想要的东西进行美化。但是要注意一定要保证这些都要固定牢，因为一旦把座舱装上去以后，再要把它拆掉就要费很多功夫来进行重新涂装了。由于我们只是想展示怎么安装座舱，所以图片里都没有座舱的内部细节。先对座舱进行切削，使其与所在位置充分吻合（图 5-81a、b）。用办公室用的标记笔或尖锐的硬芯铅笔在接缝处做好记号（图 5-81c）。之后在涂装的表面，沿着你刚才做记号的地方刻出一圈宽约 1/32in（0.8mm）的"V"形槽（图 5-81d、e）。你的座舱就应该能正好嵌在里面了。由于大多数胶都不能很好地粘接塑料，所以我们要用 120 目砂纸将嵌在槽中的部分磨毛，要小心不要打磨到座舱上需要保持透明的部分。能够采用的黏合剂包括丙酮黏合剂、环氧树脂黏合剂和氰基丙烯酸盐黏合剂。如果采用的是丙酮或环氧树脂黏合剂，就先把槽里填上黏合剂，再在座舱上涂上黏合剂，然后用一条胶带把它固定住；如果选用的是氰基丙烯酸盐，就先用一条胶带把座舱固定在槽里，然后向接缝处涂胶（图 5-81f）。先将座舱上你想保持透明的部分完全遮蔽起来，再用腻子类材料在遮蔽好的座舱和机身之间制作出一个倒角（图 5-81g）。我们用与制作翼根整流片基本相同的方法来制作这个座舱倒角。用一把木抹刀或其他类似的工具把腻子抹成圆的倒角（图 5-81h）。多余出来的腻子必须用一块巴沙木边角料或直接用抹圆的那个工具去掉（图 5-81i）。不用使用特殊的打磨块，只需将 220 目和 320 目砂纸条卷成一个圆棍，就可以用它们来打磨干固后的腻子了（图 5-81j）。这些紧紧卷在一起的砂纸就构成了一个有一定硬度、同时硬度又很均匀的、专门用来打磨圆角的工具。和翼根整流片一样，那些软的、容易打磨的腻子会减少喷涂前准备工作所花费的时

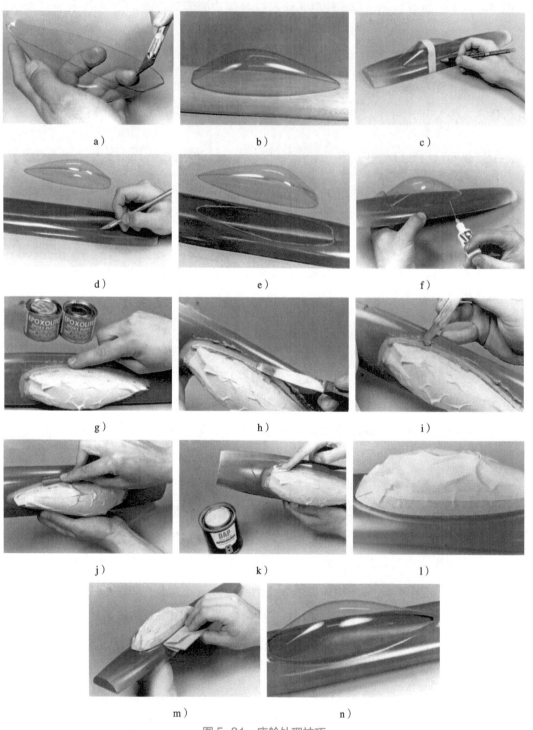

a）　　　　　　　　b）　　　　　　　　c）

d）　　　　　　　　e）　　　　　　　　f）

g）　　　　　　　　h）　　　　　　　　i）

j）　　　　　　　　k）　　　　　　　　l）

m）　　　　　　　　n）

图 5-81　座舱处理技巧

间（图 5-81k）。在座舱周围的喷涂工作完成后，将遮蔽胶带取下，你就可以看到喷涂的表面高出一个边来（图 5-81l）。一个优秀的涂装制作者此时就会在这个台阶稍上一点的地方重新遮蔽一下，然后用裹在一片 1/8in（3.2mm）厚的巴沙木片边角料上的 220目砂纸将它打磨掉（图 5-81m）。如果能仔细地按照这种方法制作，几乎每个人都有可能得到图 5-81n 所示的那样一个干净的安装结果。

12. 夹具与表面平整度检查

（1）夹具

一个优秀的航模制作者了解在喷涂的时候让双手都空闲下来有多么重要，因此会去寻求简易夹具的帮助。这些夹具应能很容易地将这些模型零部件固定住，以便涂装者进行打磨或喷涂。机身可以很容易地用一个 C 形夹和一个由若干廉价的机头起落架固定套、机轮卡箍、一块层合板和一短截硬质钢丝制作的支架（图 5-82a）固定在工作台上。将一个 6in（152.4mm）长的 1in×6in（25.4mm×152.4mm）木板用螺栓固定到工作台上，再用螺钉将两个机头起落架固定套固定其上，以使一段 5/32in（4.0mm）钢丝在这块木板上横着伸出去有大约 4~6in（101.6~152.4mm）。在机身发动机架上通常固定发动机的地方，用螺栓固定上一块层合板（图 5-82b）。再用螺钉将另外两个起落架固定套固定在层合板上，让它们的中心线差不多处在原来发动机轴所在的位置。把从工作台上伸出来的那截硬质钢丝插到我们刚刚装到发动机舱里的那对起落架固定套中。用机轮卡箍将钢丝固定住，以防止它前后移动。现在机身就处于一个水平的位置上，并能沿着这截钢丝旋转，这样我们的双手就能空出来了。再加上固定在工件上方附近的夹持式灯具，我们就可以毫不费力地对工件进行仔细的检查了。

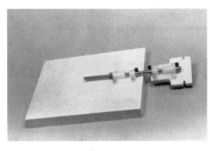 

a）　　　　　　　　　　　　b）

图 5-82　夹具制作（一）

有好几种用于机翼的夹具，这些小工具甚至比用于机身的那些还要简单一些。假如机翼是用螺栓固定的，那么用来穿螺栓用的孔就正好提供了一个安全的固定点。在一块 $1in \times 6in \times 18in$（$25.4mm \times 152.4mm \times 457.2mm$）的木板上标出这些孔的位置；用 $1/4in$（$6.4mm$）钻头在每个标记处钻一个孔；将四个长为 $6in$（$152.4mm$）或 $8in$（$203.2mm$）的销柱粘在刚钻好的孔中；再在每个销子上粘一块 $1in \times 1in \times 1/4in$（$25.4mm \times 25.4mm \times 6.4mm$）的巴沙木（图 5-83a）；将这块 $1in \times 6in \times 18in$（$25.4mm \times 152.4mm \times 457.2mm$）的木板夹到工作台上，让这些销柱向上支着；将机翼穿过销柱，放在那些 $1in \times 1in$（$25.4mm \times 25.4mm$）的木片上（图 5-83b）。

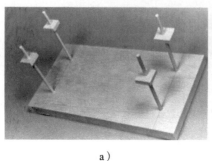 

a）   b）

图 5-83　夹具制作（二）

这种特制的支架对于涂漆来讲特别方便，因为机翼是水平固定在那里的，所以漆就不会流溢了。如果是一架主起落架安装在机翼上的下单翼飞机，还可以使用一种更为简单的方法。我们用一块比轮距稍长的 $1in \times 6in$（$25.4mm \times 152.4mm$）木板来制作一个简单的支架（图 5-84a）；将钢丝或无头钉钉入这块木板，仔细调整间距使其能正好放进起落架舱中（图 5-84b）；利用上述的这个支架，机翼就能够在漆料干涸的过程中保持水平的状态了。对于图 5-84c 所示机轮整流罩类小零件，则需要使用一种特殊的支架，为此，只需将一块 $5/16in$（$7.9mm$）见方的巴沙木粘到轮槽中即可。

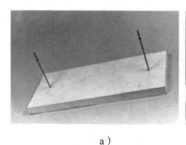 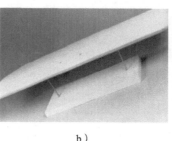 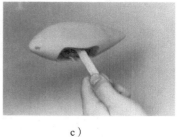

a）   b）   c）

图 5-84　夹具制作（三）

再教你最后一招。这一招不管对于模型整体还是某一可拆卸的部件，效果通常都很不错。大多数的涂装者都会在工作台上铺一大块 $4in$（$101.6mm$）厚的泡沫板，在其上打磨模型，模型就不会被坚硬的台面或桌面上到处都是的螺钉螺母硌出印来了。

（2）表面平整度检查

在制作模型的过程中，常常需要对巴沙木及各种涂层（如填泥料和漆层等）进行打磨。这些重要的工序都要求你必须能看清楚你正在进行的工作。很多人的制作间照明很差，这样，当把一架刚刚涂装好的模型第一次拿到室外的时候，那些原来在室内看不出来的问题，这时就会变得颇让人失望了。有些制作者使用价格并不贵的夹持式摄影泛光灯，也不过就是有一个灯座、夹子、电线和一个铝网罩而已。只要你有了这样一盏带有 300W 大灯泡的灯，就会极大程度地加大找到模型表面制作过程中产生的细微瑕疵的机会。

图 5-85 所示为以一个非常小的角度来观察模型表面。我们只需要了解到这种小角度的观察和照明，会由于投影的关系而凸显出各种瑕疵。这种良好照明条件下的小角度观察可以说是观察模型最挑剔的方法了，所以如果什么东西在这种条件下看上去都很好的话，在普通情况下看上去就会非常好了。

图 5-85 表面平整度检查

学习任务 2　固定翼无人机制作

本学习任务主要介绍固定翼无人机的制作，以某战斗机为蓝本，以 KT 泡沫板和木质材料为主要材料，制作一架可以实际飞行的无人机。

某战斗机蓝本如图 5-86 所示，该战斗机采用外倾双垂尾常规气动布局，垂尾向外倾斜 27°，恰好处于一般隐身设计的边缘。其两侧进气口装在翼前缘延伸面（边条翼）下方，与喷嘴一样，都做了抑制红外辐射的隐形设计，主翼和水平安定面采用相同的后掠角和后缘前掠角，都是小展弦比的梯形平面形，水泡形座舱盖凸出于前机身上部。

图 5-86 战斗机蓝本

制作的固定翼无人机技术规格如下：展长 0.66m；机身长度 0.92m；机翼面积 0.16m^2；重量 450~520g；飞控舵面包括稳定器、襟翼、方向舵（可选）、推力矢量控制（可选）。最终成品效果图如图 5- 87 所示。

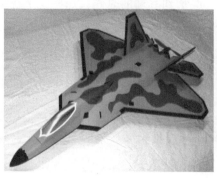

图 5-87　固定翼无人机成品

知识目标

- 掌握固定翼无人机制作的小技巧。
- 学会无人机制作的基本动作以及流程。

素养目标

- 培养学生动手能力，学会制作固定翼无人机。

技能目标

- 学会切割图纸。
- 学会使用胶水粘飞机结构部件。
- 学会安装接收机和电子调速器。
- 学会打磨和装饰无人机。

? 引导问题

通过前面任务的学习，是不是觉得做一个固定翼无人机还挺不容易的，你们觉得主要难在哪里呢？不过别担心，我们还可以做简单版本的固定翼无人机，下面我们学习做一架固定翼无人机，还是带矢量推力功能的。你们知道什么是飞机的矢量推力吗？

技能点 1　准备工作

（1）黏合剂的准备

本次无人机的制作会使用到以下一些黏合剂：环氧树脂胶（带或不带泡沫球）、AB 胶、发泡胶、3M77 喷雾胶以及热熔胶。

为了减轻重量，在制作过程中尽量少使用环氧树脂胶，只在最关键的部位如翼梁和电机安装处使用环氧树脂胶。还可以在环氧树脂胶里面添加泡沫球来减轻胶水的重量，填充空隙。大多数结构中应使用轻质和可以快速干燥的黏合剂，如 AB 胶、发泡胶或者 3M77 喷雾胶，因为这些胶粘结效果好，干燥得快。在制作过程中还经常会使用到 3M 纤维胶带，主要用于加强铰链和前缘部分。

（2）图纸准备

首先将图纸（图 5-88）按照尺寸打印出来，图纸上标注的"make2"指该部分需要打印 2 份，因此 make1 和 make10 指打印 1 份和 10 份。应根据图纸的情况打印准备的份数，然后用剪刀将每个部分沿着边线剪下来，将所有部件（纸片）在 KT 泡沫板上尽量排满。接着把纸片拿下来，用 3M 喷雾胶在背面喷上胶水，粘到 KT 泡沫板上。要把所有的纸片都在泡沫板上粘牢，如图 5-89 所示。

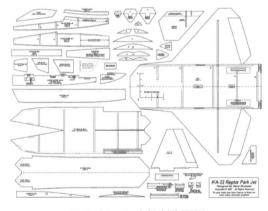

图 5-88　无人机制作图纸

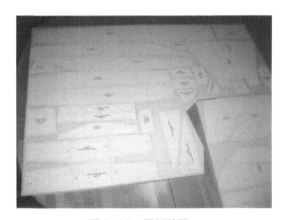

图 5-89　图纸贴图

技能点 2　机身制作

首先制作机身前段。具体步骤如下：

1）注意要在插入的边缘画一些参考线，然后用刻刀将机身前段的部分仔细切下来，如图 5-90 所示。注意：有些部件的图纸打印成两份，需要做成左右两边镜像形式，将纸片正反贴即可。

2）制作机身腹部的曲面。用热风枪慢慢加热泡沫板，等到软化以后，用手将其完成图5-91所示的形状。注意：这部分有整体弯曲，最后面有个扭转，左右两边最后在尾部要贴合在一起。多研究图片，然后尝试做成图中的样子，不一定需要特别精确。

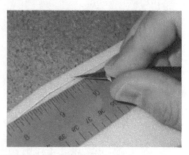

图5-90　机身前段

图5-91　机身腹部造型制作

3）将机身隔板F1~F4用刻刀切出，其中F1、F2和F3需要沿着虚线切开。用胶水将隔板下部与上面的一块机身侧板粘上，确保隔板与侧板是垂直的，然后将另外一侧也粘上。要确保隔板与两个侧板是竖直关系，接着再将两个侧板的尾部粘好。如果成型效果不好，可以用热风枪稍微吹软一些，最终效果如图5-92所示。

4）先将机身部分切下，然后根据要求开槽（带cut slot的部分）。如图5-93所示，将碳纤维杆放入槽中，用环氧树脂胶强化。在等待固化的过程中，用书或者其他重物压住机身，防止变形。待胶水固化以后，用砂纸将机翼的前缘和翼尖打磨成圆形。可以在前缘粘贴3M胶带来提升圆滑度和耐用性，然后再把副翼切下来。

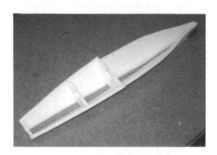

图5-92　机身腹部效果　　　图5-93　机身部分开槽示意图

5）将机身中轴线支撑模块（Fuselage center line support）切下并开槽。将其粘到机翼上，建议使用3M喷雾胶。然后将整个机翼放在平面上，如图5-94所示，将两个后机身侧板和中线部分粘在机翼的底部，此处建议使用环氧树脂胶或热熔胶。可以用图纸上的四个临时隔板来确保粘结的角度。待胶水干燥以后，移除临时盖板。

6）将机身前段的底部粘到机翼的前端，确保尾部结合处与机身中轴线支撑模块对接，如图 5-95 所示。这里可能需要用到热风枪软化，进行一定的塑形操作。注意：机头前部跟机翼有一定向下的角度，如图 5-96 所示，如果安装好以后没有这个角度，则稍做修整。

图 5-94　机身与机翼结合效果图　　　图 5-95　机身前段示意图

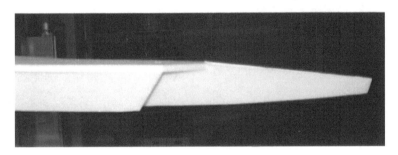

图 5-96　机头前部与机翼的角度

技能点 3　推力矢量电机的制作与安装

接下来是推力矢量电机的安装。如果不需要使用推力矢量，可以跳过这一部分，直接安装在直的木棍上。

根据图纸（图 5-97），在 AutoCAD 里将图纸画出，注意将英寸转换成米制尺寸。然后在激光切割机上，用椴木切割出电机安装座的木块。

按照图 5-98 所示方法进行打孔和胶粘，注意用砂纸对摩擦面进行一定的打磨，以减小摩擦力。然后将电机和推杆对应安装，确保推杆可以比较轻松地改变电机的角度。

将整个电机座安装在机身后部的槽内，要确保中轴线一致。这里建议使用强度较高的环氧树脂胶。待胶水干后，在机翼尾部开一个圆形槽口，把作为水平位移承力部件的铝制管轴承套管粘在后面，管轴承内部用碳纤维管穿过，可以用胶带固形。最终效果如图 5-99 所示，其中碳纤维管可以在管轴承内部转动。

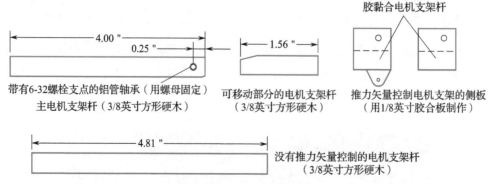

图 5-97　电机安装座图纸

图 5-98　推力矢量电机安装

图 5-99　电机底座与机身的连接

技能点 4　水平尾翼安装

与前面安装机翼类似，将水平尾翼的前缘用砂纸打磨成圆形，后缘打磨成后掠形状，然后在前缘加 3M 胶带进行强化。

这个水平尾翼是全动平尾，因此在硬件上我们需要安装铝制套管，尾翼可以通过碳纤维杆进行转动。这里需要用端止轴承固定铝制套管，避免铝制套管左右滑动。还需要准备在安定面上安装舵角（舵角可以买到），可以使用推杆钢丝来连接舵角和舵机，从而控制全动平尾。

完成以上工作以后，将飞机机翼放平，将套管套进碳纤维管，装上端止轴承和舵角。当所有部件摆放就位，用 AB 胶将端止轴承粘好。然后用环氧树脂胶将两片水平尾翼粘在碳纤维管上，如图 5-100 所示。目前暂时不要粘结固定舵角。

将水平尾翼的舵角安装在机身中轴线支撑模块上，此处可以用 AB 胶。然后安装一个推杆钢丝来连接舵机和舵角，一切准备就绪的时候，调整舵角到恰当位置，如图 5-101 所示。之后用少量 AB 胶将舵角和碳纤维管粘结固定起来，注意不要使得碳纤维管无法转动。

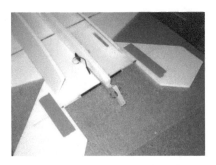

图 5-100　水平尾翼的安装

图 5-101　水平尾翼舵角安装

▶ 技能点 5　推力矢量舵机和推杆的安装

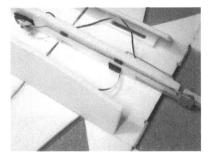

建议使用大扭力金属齿轮舵机，以避免在降落的时候螺旋桨打到地面，此时的扭力极大，可能会使得塑料齿轮舵机损坏。将舵机安装在机身中轴支撑组件的槽内，然后用 AB 胶紧固。按照图 5-102 所示方法安装推杆，安装过程中需要测试电机的转动情况。

图 5-102　推力矢量电机的舵机与推杆安装

▶ 技能点 6　机头部分的安装与制作

先用打磨块轻轻打磨机身前段，将其打磨平整，再将前面割下的三块隔板的上部分用胶水粘上，如图 5-103 所示。然后尝试将机身上部安装上去，通过修建和打磨，尽量实现完美契合。特别是两边要有尖角，看起来像是猛禽战斗机。当修整满意，用胶水将上部机身段粘在下部机身和隔板上。在等待胶水干燥的时候，用胶带固形。

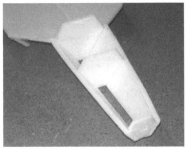

图 5-103　机头制作

将图纸上标号为 F4 和 F5 的隔板安装在图纸所示的位置上，然后将机身前段上部的后半部分粘在机翼上部和两个隔板上，如图 5-104 所示。同样要注意机身的收缩，可以用热风枪进行塑形。可以用大头针在胶水固化的时候来维持形状。

如图 5-105 所示，修剪机舱后部顶板（Turtle deck top），然后将其粘在前段机身上部的后半部分内部，从而形成一个曲面。记住应先粘一边，再粘另外一边。当胶水干燥以后，通过雕刻和打磨，大致将其打磨成形。之后再将机身前段的盖板给粘上。

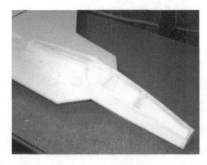 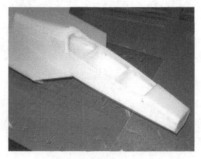

图 5-104　座舱处理　　　　　　　　图 5-105　座舱成形

接下来用 3M 喷雾胶将所有机舱顶盖（Canopy）和机头锥片（Nosecone）粘起来，然后将它们粘在机身上部，如图 5-106 所示。

图 5-106　机舱顶盖和机头锥片的处理

等胶水干了以后，用砂纸打磨机舱顶盖成形，然后用模板（Nosecone top template）描出顶盖的外形，用刀或者锯进行修剪。先用比较粗糙的砂纸（如 100 目）打磨出基本的形状，然后使用更细的砂纸（220 目）进行打磨，最后使用 320 目的砂纸进行抛光打磨，以形成平滑的表面。

使用相同的程序来打磨机头，最终得到的机舱机头部分如图 5-107 所示。

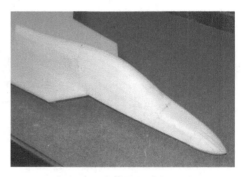

图 5-107　座舱及机头打磨成形

技能点 7　尾喷口的制作

猛禽战斗机是一架双发重型战斗机，因此需要制作两个尾喷口。

先用 3M 喷雾胶将尾喷口切片（Tail booms）粘起来，注意一共有 10 块，每 5 个切片粘成一个模块，总共两个模块。之后用环氧树脂胶水将这两个尾喷口模块安装在机身尾部，如图 5-108 所示。这里需要指出，在安装以前，需要根据图纸的要求挖出容纳铝制套管的槽，注意槽和套管需要紧固安装。

然后将尾喷口按照图 5-109 所示的样子进行雕刻打磨。注意：尾喷口朝外一侧打磨的角度与机身后半部分相匹配，尾喷口后缘的角度应与水平安定面的角度相匹配，后缘要打磨出尖角。

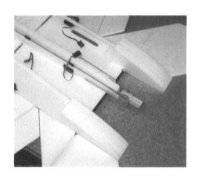

图 5-108　尾喷口（一）

图 5-109　尾喷口（二）

技能点 8　副翼的安装与制作

如图 5-110 所示，用尺子和刻刀，将副翼的前缘挖出一个 45° 的小凹槽，这样的话，副翼就可以转动。然后用砂纸将后缘打磨出尖角。用 3M 纤维胶带将副翼的上部和下部铰接起来，以保证强度。注意修剪副翼，保证副翼和水平尾翼之间有足够的缝隙，且两者直接平行。

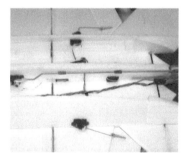

图 5-110　副翼的安装

将副翼的舵机、舵角和推杆安装上，注意要将舵角安装在强度较高的位置。将垂尾支撑座用胶水安装在机翼下部，并与垂尾安装插槽对齐，如果与副翼的舵机有干涉，则做一定的修剪。

技能点 9　垂尾的安装

如图 5-111 所示，将垂尾的前缘打磨成圆形，将后缘打磨成尖角，然后用 3M 纤维胶带将前缘包裹起来。如果需要安装方向舵（也可以不安装），则先将方向舵切下来，然后将前缘斜切，再用 3M 纤维胶带将方向舵和垂尾连接起来。

用刻刀在机翼后部将垂尾的安装孔挖出来，注意要有一定的倾斜角度，可以使用泡沫夹具（图纸中 Jig for setting vertical tail dihedral）作为引导，切出合适的反角，一直切透机翼到底。

用环氧树脂胶水将垂直尾翼和机翼粘好，可以使用泡沫夹具来确保安装的倾斜角度。在胶水干燥过程中，可以使用大头针来固定垂尾和泡沫夹具。

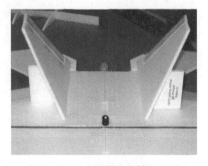

图 5-111　垂尾的安装与固定

方向舵其实可以不安装，但是安装了的话飞机会有更好的机动性。可以按照图纸的要求和以下描述来安装方向舵：将舵机安装在机翼中轴线处，正好在碳纤维杆翼梁后部位置的安装槽内；使用柔性推杆来连接舵机和舵角，这里用一个舵机来控制两个舵面，舵机这部分两个舵角呈 90°；使用环氧树脂胶水加固一下舵角和方向舵的连接，使用快调调整舵面的控制位置，确保两个舵面的控制一致，如图 5-112 所示。

图 5-112　垂尾舵机及舵角的安装

技能点 10　机身背部的安装

用胶水将机身上部脊板（Fuselage top spine）按照图 5-113 所示安装在机身中线上，然后同样将脊背隔板（T1~T5）根据图纸给出的位置安装到位。

如果要安装方向舵，需要将背部脊板打断挖孔容纳舵机，如图 5-114 所示，然后在挖孔顶部粘上一小片轻木来保持机身顶部脊背的形状。

图 5-113　机身背部安装（一）

接下来安装机身背部的后半部分。因为需要将泡沫板加工成比较复杂的曲面，所以这部分也是最难处理的，需要仔细一些，也比较耗时。

图 5-114 机身背部安装（二）

如图 5-115 所示，先将机身后端顶部切片的斜角都切削出来，然后用打包用的胶带将这个切片的大部分地方粘起来。胶带可以在加热的时候帮助收缩泡沫板，制作完成后撕掉这些胶带。

用热风枪轻轻吹泡沫板，然后慢慢弄成图 5-116 所示的形状。可以尝试将这个部件放在机身上，看曲率是否合适，可以借助脊背的隔板来看尺寸和位置。这里建议将热风枪安装在台虎钳上（这样可以腾出双手），在胸前放一根大直径的木棍，借助木棍和热风枪弯折这个泡沫板，慢慢加工成理想的形状。这部分操作需要经过很多的锻炼才能熟练掌握，因此建议拿一些其他泡沫板来多练习，从而达到慢慢弯折但是不会起皱的效果。当这部分成形以后，撕掉胶带。

图 5-115 机身背部安装（三）　　　图 5-116 机身背部安装（四）

如图 5-117 所示，将成形的模块贴在机身上看是否合适。此时不需要完美贴合，后续可以使用其他手段来填充孔隙。当达到比较理想的贴合效果后，将成形的背板用胶水粘好，然后用轻质可以打磨的胶水把孔隙填满。在等待胶水干透的时候，可以用很多大头针和胶带来固定。

图 5-117 机身背部安装（五）

待所有胶水固化，用轻质填充料填充所有的孔隙，并在背板与机翼和机身座舱连接的地方做填充。等到填料干燥后，用砂纸打磨成光滑圆角。

技能点 11　接收机和电子调速器的安装

接收机是用来接收遥控器传输过来的信号的设备，电子调速器是用来控制电机旋转速度的设备，通过接收机和调速器，工作人员就可以使用遥控器来控制无人机螺旋桨转速，进而控制飞机的推力。此外接收机上还可以接各个控制舵面的舵机，从而控制无人机的各个控制舵面以及矢量推力。

有很多位置可以安装接收机和调速器，但是鉴于本飞机的电池在机头位置（为了平衡电机部分的重量），这里建议将接收机安装在飞机靠后的位置，调速器安装在中间位置，这样可以保证尽量使用更短的电线连接各个部件。如图 5-118 所示，接收机和调速器都安装在中间的支撑板上，尽量将两者的位置往前挪，因为这架飞机整体上重心是偏后的。电子调速器的连接线需要绕卷以尽量减少电磁干扰，随后将所有的电线用胶带固定在机翼或者机身上，避免在飞行时被吹松动。

需要注意的是，一定要把电子调速器安装在能够通风降温的地方，比如进风口的位置。降温对调速器很重要，除了电机控制会产生热量，集成在电调上的 BEC（稳压电路）要负责 5 个舵机的控制，因此会产生更多的热量。如果有足够的降温效果的话，就可以安全控制更多的舵机，防止因过热而产生宕机。

同样，也建议在机身上放置电池的位置挖一些孔，用来给电池冷却。电池也需要根据制作的情况选择合适的位置放置，这里不给出图示。

待所有设备安装就位，测试一下所有设备是否正常工作，比如所有舵机是否能够正常操作、矢量推力是否能够正常变化（图 5-119），以及螺旋桨是否能转动等，以确保所有零部件之间没有重大的干涉情况出现。一旦把底部盖板给封住，要打开就很麻烦了，需要开孔才能接触到这些电子元器件。

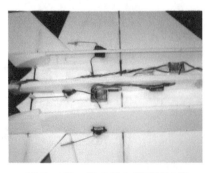

图 5-118　接收机和调速器安装

图 5-119　矢量推力功能测试

技能点 12　飞机底部的安装

在安装底部之前，先将进风口分流板用 3M77 喷雾胶粘起来，如图 5-120 所示，要做两块，然后按照图中的样子粘在飞机进气口。

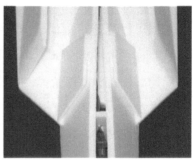

图 5-120　进气口安装

接下来要制作和安装机身底部后半部分的模块。先根据图纸的说明，在边缘切出斜边，再在尾喷口的位置也切出斜边，如图 5-121 所示。注意：还要在两个尾喷口的中间挖出一个 V 形的槽口，以容纳矢量推力推杆和夹具（需要测试一下确认是否有足够的空间）。

图 5-121　尾喷口修饰

然后使用一块长的磨砂块打磨机身下部模块的边缘。打磨好后，将底板放上去看是否平整贴合，不贴合的话做一定的修整。待满意后用胶水粘起来，然后用轻质可以打磨的填充胶水把缝隙填起来。在胶水干燥的时候，用胶带保持形状。

最后，将机身前部的底部粘住，如图 5-122、图 5-123 所示（注意图中没有给出最终效果）。

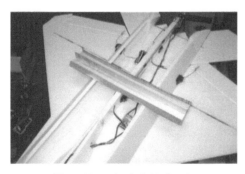

图 5-122　机腹安装（一）　　　　图 5-123　机腹安装（二）

技能点 13　飞机进气口的处理

首先在机身底部与进气口连接的位置挖出两个槽口，如图 5-124 所示。然后用砂纸打磨出形状，以模拟出猛禽战斗机的进气口形状。

进气口的前缘可以处理得更加精细一些。先用笔划出斜线，如图 5-125 所示，再用刻刀进行修剪，最后用砂纸打磨出斜角。

进气口的上下前缘以及右边前缘都可以进行一定的修饰，最终效果如图 5-126 所示。

图 5-124　进气口处理（一）

图 5-125　进气口处理（二）

图 5-126　进气口处理（三）

技能点 14　最终打磨与装饰

待上述工作全部完成以后，再用砂纸将整个机身打磨一遍（图 5-127），特别要注意斜边、圆角、还有各个部分的连接处，可以对照猛禽战斗机的图片进行参考。

在装饰方面，可以用刷子或者喷枪给飞机刷上油漆或者颜料，也可以用贴纸或者蒙皮把飞机给装饰起来。

图 5-127　打磨

为了方便制作，大家可以参考图 5-128~ 图 5-131 所示成品，从各个角度去学习这架飞机的制作方法。

图 5-128　成品参考（一）

图 5-129　成品参考（二）

图 5-130　成品参考（三）

图 5-131　成品参考（四）

学习任务 3　多旋翼无人机制作

由于多旋翼飞行器的结构相对简单，因此本学习任务将以四旋翼为例，做一个 FPV 穿越机，所选的框架尺寸为 250mm。

知识目标

● 了解四旋翼无人机各部件之间的电气连接逻辑关系。

素养目标

● 培养学生的综合学习能力，学会四旋翼无人机的组装。

技能目标

● 学会使用安装四旋翼无人机的各种工具。

1）我们现在要学习怎么做一架四旋翼穿越机了！做之前我们需要学会选零部件，大家知道怎么做吗？

2）组装环节的一些注意事项大家要了解，你们知道要注意什么吗？

技能点1 准备工作

首先，需要准备工具。在制作过程中，大部分过程都会需要用到内六角扳手套件、平头螺丝刀、烙铁、焊锡和焊接臂、热风枪、电线、钳子、剥线钳、电气胶带、热缩管、刻刀等，如图5-132所示。

除了准备在制作过程中需要用到的工具，还需要一个平坦开阔的作业空间用来放置零部件以及制作四旋翼无人机。

图5-132 FPV穿越机的制作准备

技能点2 零部件选择

（1）机身

本无人机选择3mm厚度的QAV250碳纤维框架，如图5-133所示。这个机身非常牢固结实，它是实心的一体式底板，机臂跟机身一体，而不是用螺钉固定在一起。

（2）电机

电机和螺旋桨是无人机飞行的动力来源，因此没有合适的电机和螺旋桨选型，就无法达到令人满意的飞行效果。最严重的结果可能是无人机完全飞不起来。要注意，有些电机的螺旋桨安装部分螺纹的方向是不一样的，主要目的是让螺旋桨在转动的时候能够自旋锁死。

此处所选择的电机是 2204/2300kV 的电机，如图 5-134 所示。这里稍微解释一下这几个数字，前面的数字指的是电机的尺寸，主要是直径和高度。其中 22 表示电机的直径，04 代表的是高度，2204 代表这个电机的直径是 22mm，高度是 4cm。这个级别的飞机通常也会用到 2206 的电机。后面 2300kV 是表征电机性能的一个数值，大部分航拍无人机使用的 kV 值在 700~1000kV 之间。

图 5-133　机身　　　　　　　　　图 5-134　电机

kV 值被用来表示一台电机的转速：在空载的前提下，每增加 1V 的工作电压，电机每分钟所能够增加的转数的数值，就是 kV 值；它可以叫做"转每伏"，但是有些绕口。显然，我们装上螺旋桨以后，由于阻力的影响，电机一般无法达到符合 kV 值的转速。

kV 值对我们又意味着什么呢？首先，它和电机能够输出的功率有关，确切一点，它能反映电机所能够输出的转矩。电机的转矩，由电枢的绕组和磁体的强度有关，当然还有别的因素。总的来说，kV 值让我们能大体了解我们从某一型号的电机能获取多大的转矩。

低 kV 值的电机拥有较细的线圈和更多的绕组，这让它能在通过电流较小的同时输入更高的电压，并且输出更高的转矩来带动更大的螺旋桨。同样的道理，对高 kV 值的电机而言，它们的线圈往往更粗，同时绕组较少，这样它们更适合在电压较低的时候通过更多的电流，从而带动较小的螺旋桨达到更高的转速。

（3）电子调速器

电子速度控制器（ESC）是一个电子电路，目的是改变电机的速度、方向，也可能作为一个动态制动器。应根据可能使用的最大电流选择合适的电调，此处选择的是 20A 的电调，如图 5-135 所示。

（4）飞行控制器

现在市面上有很多不同的飞控，这里选择 Naze32，如图 5-136 所示。Naze32 使用的 CPU 型号为 STM32F1。

图 5-135　电调

图 5-136　Naze32 飞控

许多飞行控制器具有相似的硬件或传感器，但软件和计算算法不同，导致飞行特性和用户界面不同。

（5）螺旋桨

螺旋桨对于四轴飞行器来说和其他部件一样重要。四轴飞行器使用两个顺时针（CW）和两个逆时针（CCW）螺旋桨。

螺旋桨一般按长度和螺距分类。例如，5030 螺旋桨是一个 5in 长、具有 30° 俯仰角的桨。一般来说，螺旋桨螺距和长度的增加会需要更大的电流。螺旋桨的选择会影响到升力、效率和电流的大小，因此应慎重选择。

螺旋桨的材料一般有木质、塑料和碳纤维，这里选用塑料的就可以了，价格比较低，也够用，如图 5-137 所示。

（6）锂电池

锂电池是无人机或者航模爱好者比较常用的可充电式电池，如图 5-138 所示。直升机、固定翼无人机或者四旋翼都会用。锂电池广泛应用于无人机的原因有以下三点：

图 5-137　螺旋桨

图 5-138　锂电池

1）重量轻，可定制形状。

2）有很大的电池容量，能量密度很高。

3）放电功率大，可以带动很高功率的电机。

锂电池优点很多，但是如果使用不当，有可能会成为一个"炸弹"，因此需要很小心。

锂电池的循环寿命在 400~500 次。衡量锂电池性能的参数有电压、容量和放电倍率。

（7）视频传输模块（图传）

视频传输模块也称为图传，可以将无人机上摄像头拍摄的图像传送至头戴式显示器或者工作站的显示器，如图 5-139 所示。FPV 中常用 5.8GHz 的传输模块，并不是说它就是最好的，该频率的传输效率高，但是穿透性较差，也可以选择 900MHz、1.3GHz 或 2.4GHz 的传输模块来传输 FPV 信号。

（8）遥控器

目前用于无人机遥控器主流的无线电频率是 2.4GHz，这样的无线电波的波长更长，可以通信的距离较远，普通 2.4GHz 遥控器与接收机的通信距离在空旷的地方大概在 1km 以内，如图 5-140 所示。

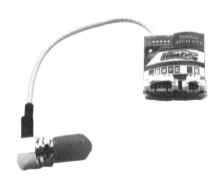

图 5-139　图传模块　　　　　　　图 5-140　遥控器

2.4GHz 无线技术如今已经成为了无线产品的主流传输技术。所谓的 2.4GHz 所指的是一个工作频段（2400~2483MHz 范围），这个频段是全世界免申请使用，常见的 WiFi、蓝牙、ZigBee 都是使用这个频率段。WiFi、蓝牙、ZigBee 都是基于 2.4GHz 的，只不过采用的协议不同，导致其传输速率不同，所以运用的范围就不同。同样是采用 2.4GHz 频率作为载波，不同的通信协议衍生出的通信方式会有着天壤之别；仅仅在数据传输速率上，就有着从 1Mbit/s 到 100Mbit/s 的差别。

因为无线电波在传输过程中可能受到干扰或是数据丢失等问题，当接收机无法接收到发射器的数据时，通常会进入保护状态，也就是仍旧向无人机发送控制信号，此时的信号就是接收机收到遥控器发射器的最后一次有效数据。这样因为信号丢失而发送的保护数据通常叫做 Failsafe 数据。

关于遥控器与无人机的通信协议也有很多种，常见的数据协议如下：

1）PWM：需要在接收机上接上全部 PWM 输出通道，每一个通道就要接一组线，解析程序需要根据每一个通道的 PWM 高电平时长计算通道数值。

2）PPM：按固定周期发送所有通道 PPM 脉宽的数据格式，一组接线、一个周期内发送所有通道的 PPM 值，解析程序需要自行区分每一个通道的 PPM 时长。

3）SBUS：串口通信，每 11 个 bit 表示一个通道数值的协议，但是 SBUS 的接收机通常是反向电平，连接到无人机时需要接电平反向器，大部分支持 SBUS 的飞行控制板已经集成了反向器，直接将以旧换新机连接到飞行控制器即可。

4）XBUS：常规通信协议，支持 18 个通道，数据包较大，串口通信有两种模式，可以在遥控器的配置选项中配置。接收机无须做特殊配置。

（9）无线电信号接收器（接收机）

无线电信号接收器是与遥控器配对使用的设备，如图 5-141 所示。它可以选用 PWM 信号、PPM 信号或者 SBUS 信号，目前 SBUS 信号更流行一些。

（10）天线

有些图像传输模块会带一个黑色小天线，被称为鞭状天线，如图 5-142 所示。天线的作用主要是增强图传模块的信号强度。

图 5-141　接收机　　　　　　　　图 5-142　天线

（11）FPV 眼镜

使用 FPV 眼镜（图 5-143）能够给人以沉浸式的体验，就像你坐在无人机上一样。这里建议再加一个显示器做备份，别人就能够通过显示器看到你看到的东西了，也可以让 FPV 眼镜坏掉的时候用显示器来观察无人机。

（12）FPV 相机

FPV 相机（图 5-144）连着图传模块，现在市场上有很多这类相机，供电有 5V 的或者 12V 的，也有不同视场角的（AOV），可以根据自己的喜好选择不同体验的相机。

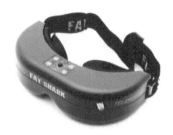

图 5-143 FPV 眼镜　　　　　图 5-144 FPV 相机

（13）高清记录相机

现在市场上的高清记录相机非常多，很多人会用 GoPro 作为记录相机，如图 5-145 所示。这里建议尽量选轻一点的。

（14）电池绑带

电池绑带（图 5-146）是用来将电池固定在机架上，以防止电池在高速运动的情况下移动的。通常可以在电池底部加一块泡沫，用来增加一些摩擦力。

图 5-145 高清记录相机　　　　　图 5-146 电池绑带

技能点 3　四旋翼无人机的安装

在熟悉了所有的零部件以后，我们把所有的零部件放到安装台上，开始组装这台无人机，如图 5-147 所示。

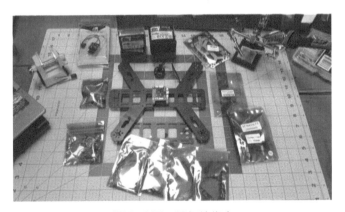

图 5-147 零部件集合

正式安装之前，可以先把飞控、图传、接收机、相机、电池这些模块临时放到机架上，找到合适的安装位置，如图 5-148 所示。这样在安装的时候就有一个整体的概念，不至于安装不当。

图 5-148　位置安装尝试

（1）准备分电板（PDB）

分电板的作用是将电池引出来的电分接到电机、飞控或者其他设备上，对电源的使用流向进行管理。

图 5-149 所示为某个分电板的实物图，带有两个 LED 灯。灯主要起装饰作用，但是飞 FPV 的话，不需要这个灯，装了会耗电，降低续航能力，因此可以不安装。这个分电板没有稳压模块（BEC），那么电压直接就是电池的电压，比如我们选用的电池是 11.1V 的 3S 电池，那么通过这个分电板接出来的电压就是 11.1V。但是我们的飞控、相机以及图传模块使用的电压是 5.5V，所以这种分电板就不合适了，因此我们需要选用带 BEC 的分电板，如图 5-150 所示。这样就既可以给无人机的电机供应 11.1V 的电压，又可以给飞控、相机以及图传模块供应 5.5V 的电了。

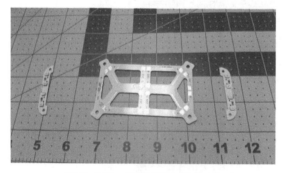

图 5-149　不带 BEC 的分电板

图 5-150　带 BEC 的分电板

（2）飞控设置

一般来说，在安装前需要先给飞控刷固件，并进行相关调试，由于本书主要讲述结构部分，因此这里不做赘述。玩家可以通过飞控的说明书，按照说明书预先刷好固件（图 5-151）。

图 5-151　飞控设置

（3）安装电机和电调

首先用内六角扳手将电机安装在机臂上。由于电机的转动方向不一样，因此要特别注意电机和螺旋桨的转动方向。

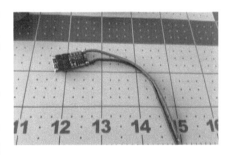

图 5-152　电调拆线

安装好电机以后，我们需要准备好电调。因为我们将分电板安装在无人机的底部，所以建议将电调安装在机臂上。这里我们先将包塑膜去掉，再把电机线和信号线拆下来，如图 5-152 所示。

留下白色的信号线，然后将电调的输出针脚插到飞控上，如图 5-153 所示。

图 5-153　电调与飞控的连接

这里介绍一个小技巧，在信号线的两头都做好标记，如图5-154所示，这样的话就知道哪个针脚对应哪个电调。

电调可以安装在机臂上方或者下方，我们这里安装在下方，为了方便起降，再加了个起落架，如图5-155所示。将电机上的电线焊接在电调上，注意线的长度不宜过长或者过短，电机和热缩管之间也可

图5-154　电调线标记

以加一个香蕉头，如图5-156所示。在焊接分电板和将信号线插到飞控之前，用热缩管将整个电调包裹起来。

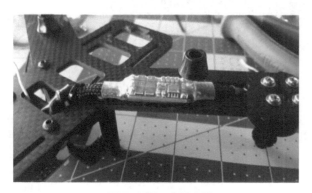

图5-155　电调安装

图5-156　香蕉头接线

接下来将四个电调都装好，装好后如图5-157、图5-158所示，电调的电源线需要焊接在分电板合适的位置上，以便看起来更整洁。

图5-157　底部

图 5-158　正面

（4）制作电源线插头

我们需要将电源和分电板连接起来，给整个无人机系统供电。但是不能直接将电源的线焊到分电板上，一来这样很不安全，二来不方便充电，因此我们需要设置一个接线插头。我们这里使用 XT60 电线插头，如图 5-159 所示。

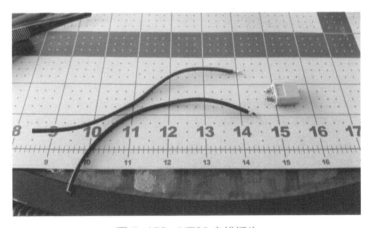

图 5-159　XT60 电线插头

按照电源的正负极，分别给电源和分电板焊接好插头，一般来说，电池用公头，分电板用母头。最终连接情况如图 5-160 所示。

做电源线插头的时候，要注意接线的长度和走线的情况，尽量做到方便简洁，可以将走线放到机身下方，如图 5-161 所示。

然后我们将飞控的电源线焊接到分电板的 5V 供电插头上，如图 5-162 所示，这里也可以用其他小型的接插件来做。

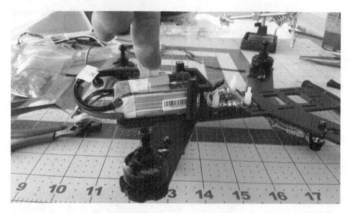

图 5-160　电源连接插头

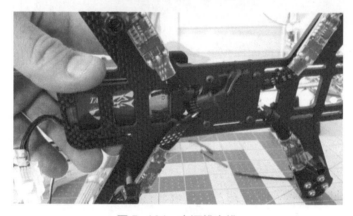

图 5-161　电源线走线

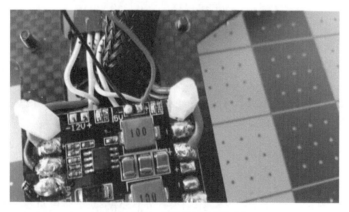

图 5-162　飞控连接分电板

（5）相机、接收机和图传的安装

接下来安装四旋翼的 FPV 相机，可以用各种方式将相机固定在无人机上，一般来说安装在无人机的头部位置。这里也可以自己做一个 3D 打印件，来方便相机的安装，如图 5-163 所示，相对于用胶或者胶带，这样比较稳固。

图 5-163　FPV 相机的安装

到了这个节点，我们的无人机状况如图 5-164 所示，可以规划一下在什么地方可以安装接收机和图传模块。

图 5-164　接收机和图传安装（一）

这里我们将图传模块用双面胶或者热熔胶贴在机架上板的下方，差不多就在飞控模块的上面，如图 5-165 所示。

图 5-165　接收机和图传安装（二）

接下来我们要把相机的信号线插到图传模块上，接头上的两根白线是音频线，我们用不上，先不去管它，我们只留下黄色的线，然后把红色和黑色的电源线接到分电板上，如图 5-166 所示。

图 5-166　接收机和图传安装（三）

我们只要把黄色线的插头插到图传模块上，相机的信号就能通过图传传输出去了，如图 5-167 所示。

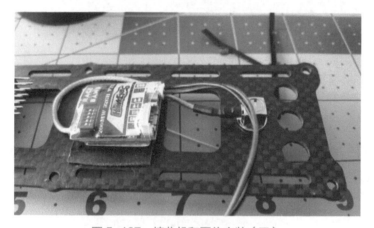

图 5-167　接收机和图传安装（四）

下一步是安装接收机。我们将接收机也用双面胶固定在图传模块的旁边，如图 5-168 所示。

然后用排插头将接收机和飞控连接起来，注意红、白、黑三线共用一个整体式插头，如图 5-169 所示。

其中白色的插头插在飞控对应的插口中，如图 5-170 所示。

图 5-168　接收机和图传安装（五）

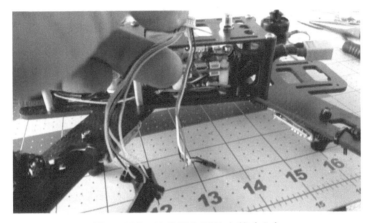

图 5-169　接收机和图传安装（六）

图 5-170　接收机和图传安装（七）

　　其他插头则按照说明书插在接收机的 SBUS 上。然后我们再把图传模块的电源线插头和信号线插头也插好，如图 5-171 所示。

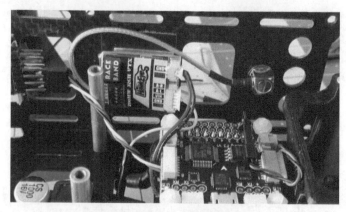

图 5-171　接收机和图传安装（八）

最后，我们把底板盖上，用螺钉拧紧，我们的无人机就大功告成了，如图 5-172 所示。

图 5-172　安装完成

至此，我们的 FPV 穿越无人机就已经完全组装好了，可以装上电源进行调试和试飞。关于飞控的调试与无人机的试飞，读者可以参考相关书籍。最后再放上四旋翼 FPV 穿越机的全家福，如图 5-173 所示。

图 5-173　四旋翼 FPV 穿越机全家福

参考文献

［1］符长青，曹兵，李睿堃，等.无人机系统设计［M］.北京：清华大学出版社，2018.

［2］陈裕芹.无人机概论［M］.北京：航空工业出版社，2020.

［3］董朝阳，张文强.无人机飞行与控制［M］.北京：北京航空航天大学出版社，2020.

［4］黄睿杰.无人机行业应用技术［M］.北京：航空工业出版社，2020.

［5］冯建雨，侯圣勇.空气动力学与飞行原理［M］.北京：航空工业出版社，2020.

［6］何先定.无人机操控技术与任务设备［M］.北京：航空工业出版社，2020.

［7］贾玉红.无人机系统概论［M］.北京：北京航空航天大学出版社，2020.

［8］昂海松，周建江，黄国平，等.无人机系统关键技术［M］.北京：航空工业出版社，2020.

［9］石磊，夏季风.无人机地面站与任务规划［M］.西安：西北工业大学出版社，2021.

［10］贾恒旦.无人机技术概论［M］.北京：机械工业出版社，2018.

［11］王耀坤，郭伟丰，高静.无人机系统概论［M］.北京：航空工业出版社，2021.

［12］法尔斯特伦，格里森.无人机系统导论（第4版）［M］.郭正，王鹏，陈清阳，等译.北京：国防工业出版社，2015.

［13］蒋陵平.燃气涡轮发动机（ME-TA、TH）［M］.2版.北京：清华大学出版社，2016.

［14］沈如松，矫永康.无人机构造与动力系统［M］.北京：北京航空航天大学出版社，2020.

［15］付尧明.活塞发动机（ME-PA、PH）［M］.2版.北京：清华大学出版社，2016.

［16］宋磊.手把手教你用CATIA绘制模型飞机［J］.航空模型，2010(2)：34-36.

［17］HIGLEY H. There Are No Secrets［M］. Jones, OK: Harry B. Higley & Sonslnc, 1981.